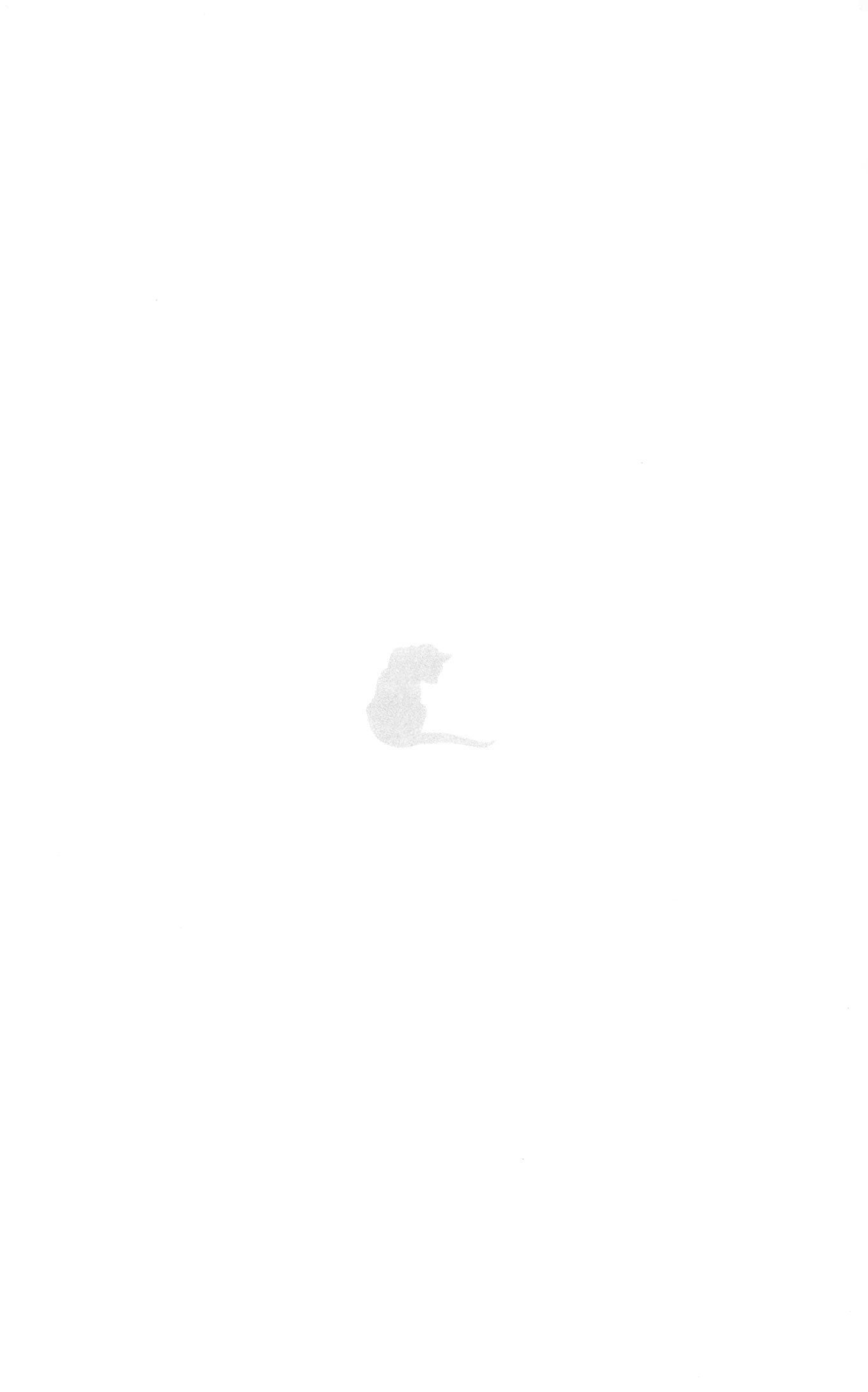

Cat

猫咪简史

［英］凯瑟琳·M. 罗杰斯 著　韩阳 译

浙江人民出版社

只 为 优 质 阅 读

目录

从野猫到家庭捕鼠能手

自进化之始，人类就发现，自己与其他动物分享着这个世界。那些动物吸引着人类的注意，它们或是威胁，或是竞争对手，或是食物来源。然而，即便有这些实际的利益冲突，许多动物在力量、速度、感官敏锐度及精准协调性方面都颇具优势，让人类折服。旧石器时代晚期，人类逐渐能更灵巧地表达自己时，便将狩猎大型动物的场景绘于山洞岩壁之上。人类之所以对动物着迷，是因为我们在动物身上看到了与我们类似的意识、感觉、动机和感情——可与此同时，我们与动物之间也有极大的差别。我们根本无法完全理解动物，也无法与之顺畅交流。大约 14000 年前，以狗为先，人类驯化动物的历史拉开了帷幕。正因如此，人类与动物之间的关系也越发密切：尽管当时人类对动物的系统性利用总会带有无情剥削的色彩，但人们逐渐以更亲近的姿态了解动物,并与之产生了相对深厚的感情。此外，即使对某种动物青睐有加，人类依旧认为随心所欲地对待并利用动物是自己理所应当的权利。

与动物密切接触的人，会从人的角度看待动物，这一点非常自然。但由于是在和人类比较,动物通常会处于劣势，所以人们对动物的评价往往有失偏颇。人类总会把不愿承认的自身恶劣品性投射到动物身上——狗不干净，猪很贪婪，羊不知检点。此外，驴子因为不听命于主人无穷无尽的号令，被贴上了固执和愚蠢的标签。相对而言，狗是人类最喜欢的动物伙伴，但狗也被用来比拟地位低下、微不足道的人——不妨想想我们平常骂人的话吧，“狗崽子”“狗杂种”“狗娘养的”，还有“滚进你的狗窝”和“狗都不要的东西”，等等。

猫作为常见家养动物中最后一种被驯化的，比其他动物要过得更为舒心安逸。猫并没有被残忍利用，因为人类需要猫捕捉啮齿类有害动物，而这恰巧是猫天性乐意为之的。尽管猫被当成了性欲的象征，但它所代表的性欲通常很迷人。猫身上还有沉静自持的高傲感，因此不仅免于如

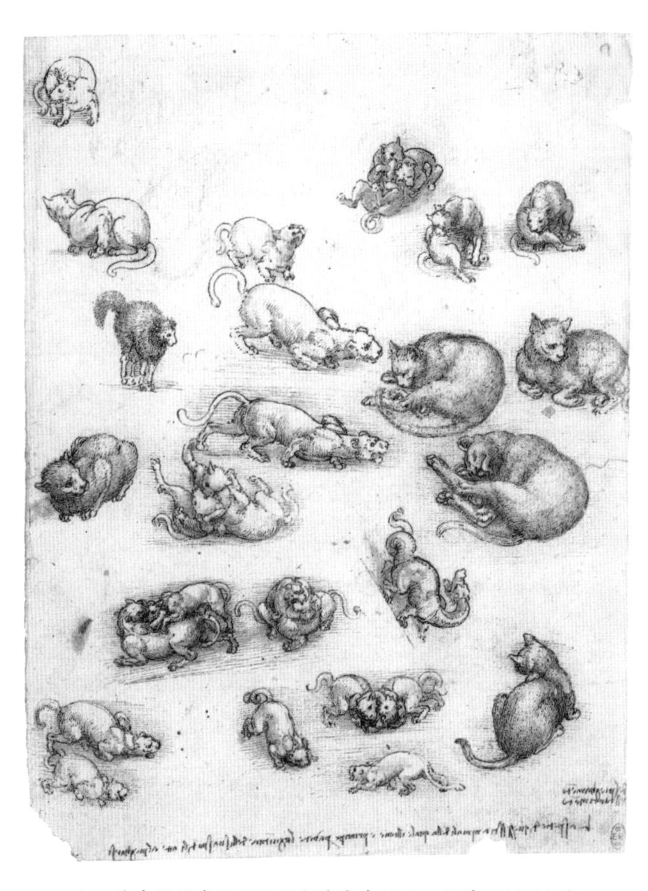

达·芬奇墨笔素描的运动或休息中的猫，约作于16世纪初

狗一般倚仗人类的恩赐，还会因其中蕴含的神秘感受到人的褒扬和某种程度的尊崇。

不过，从另一个角度看，这种“超然”的态度也让猫首当其冲成了迷信迫害的受害者：中世纪及早期现代社会，人们通常认为猫与恶魔串通一气。然而，一般而言，与其说这种迷信关乎思想信仰，倒不如说是折磨猫的借口。狗忠实于人，因此能赢得人的尊重；猪可以为人提供肉食来源，牛能够为人类劳动，上述动物都为人类福祉做出了巨大贡献。但猫则不同，它们随处可见，微不足道，因此难逃诸多虐待——有些是有意为之的穷凶极恶之举，有些则是临时起意的丧心病狂之行。举例来说，很多地方的年度庆典上，人们都会将猫活活烧死，以期驱逐整个社区的恶灵。基尔肯尼（Kilkenny）游手好闲的士兵们则以猫取乐：他们将两只猫的尾巴绑在一起后再把猫倒挂起来，看着它们疯狂相互攻击，挣扎着以求解脱——这也是当地小诗中“基尔肯尼之猫”这一说法的来源。该小诗中，这种“互殴互毁”行为被描述为一种消遣，供人取乐玩笑。18 世纪 30 年代，巴黎的一些印刷工学徒由于不敢直接表达对社会上流人士的不满，便将猫当作替罪羊，代之受过。当时，猫正经历由得力家庭助手到宠物的转变。在学徒看来，雇主对待猫比对待自己更优渥。因此，为了泄愤，学徒便从女主人心爱的宠物开始，把附近的猫都五花大绑吊死。[1]

现在，猫已经是各家各户常见的宠物，独具魅力，是人类的好朋友。所以，回首望去，上述惨绝人寰的行径似乎难以置信。但不得不提，猫最终如狗一样成为伴侣动物和家庭成员的历史，仅有 300 年而已。今天，如果还有人说猫似乎拥有某种不可思议的神秘力量，或与女巫有联系的话，那不过是出于对猫的喜爱或开玩笑。猫不愿如其他家养动物一样屈从于人类，这在前几个世纪被认为是冥顽不灵，而现在却被视为独立自重的表现。

猫的古生物学历史可以追溯至古新世时期，也就是 6000 多万年前新生代初期哺乳动物迅速多样化的时期。按时间排序，首先出现在食肉目（Carnivora）的成员是小古猫（Miacid）。这种动物栖息在树上，身长约 20 厘米（8 英寸），形态与现在的松貂（Pine martens）相似。小古猫确实有食肉目特有的裂齿，即一对尖利的颊牙，可以如利刃般将肉从骨头上剔下来。但小古猫也有其他发育完全的牙齿，所以大概可以算作杂食类动物。在约 2500 万年中，处于主宰地位的肉食性哺乳动物不是食肉目动物，而是肉齿目动物（Creodonts）。虽然肉齿目动物也有裂齿，但效用较低。最终，可能是由于小古猫更适应环境的不断变化，肉齿目动物便自然灭绝了。

大约3000万年前，真正的猫科动物从小古猫谱系进化而来。最早出现的是始猫（*Proailurus*），又称原猫或原小熊猫。始猫重约9千克，与现在马达加斯加的马岛獴（fossa）——灵猫科动物，身体柔软轻盈，在树枝间跳跃捕食——类似。与现代猫相比，始猫的牙齿较多，但脑皮层褶皱较少。现代猫科动物的大脑中，主要是控制听觉、视觉和四肢协调的区域得以进化。始猫的后代是于2000万年前进化出的假猫（*Pseudaeluris*）。假猫的牙齿类似现代猫的牙齿，但背部较长，与灵猫相似。现代猫已经习惯在地面跑动，与之相比，假猫更喜欢待在树上。自假猫演化出两个分支：现代猫科动物的祖先猫亚科（Felinae）及剑齿猫（sabre-toothed cats）。到更新世时期（约50万年前），这两类动物已在亚欧大陆、非洲及北美洲广泛分布。

剑齿虎是第一种成功演化的大型猫科动物，主宰了整个中新世时期，于约1万年前的全新世灭绝，大抵是其猎物首先灭绝的缘故。这些肌肉发达的短腿动物可能是通过将巨大的上犬齿刺入猎物的喉咙来杀死猎物。它们非常适合捕食大型硬皮猎物，但面对新进化出来的敏捷的食草动物却无计可施。因此，剑齿虎败给了动作更快、更灵活的猫科动物。遗憾的是，由于化石记录极为有限，我们很难详细追溯现有猫科动物的演化过程。因为这些猫科动物栖息的森林环境非常不利于化石保存。现存的猫科动物主要出现在过去1000万年内：猞猁出现于300万年到400万年前；美洲狮出现于300万年前；豹子出现于200万年前；狮子出现于70万年前。迄今为止，欧洲野猫这一类中，历史最为悠久的是起源于距今约200万年前的卢那猫科动物（*Felis sylvestris lunensis*）。[2]

所有食肉目动物中，猫科动物最为特殊，因为它们是唯一一科纯肉食性动物：其犬齿和裂齿尤为发达，但其他牙齿的作用则可忽略不计。此外，灵活的动作、发达的肌肉、灵敏的感官、闪电般的反应速度和高度发达的尖牙利齿使猫科动物成为跟踪突袭的行家里手。猫科动物的脊柱柔韧性很强，不仅能使之敏捷地扭转，也可以帮助其交替完成展背和拱背的动作（不过这种动作非常消耗体力，所以猫科动物的耐力比不上犬科动物和有蹄类动物）。猫科动物结实的颌骨上长有尖长的犬齿，能够刺入猎物的脖颈；它们的利爪不仅可以抓牢、固定猎物，完成致命一击，也有助于攀缘树木或山坡。小型猫科动物以小型猎物为食，它们可以精准地咬住猎物的脖子，将犬齿刺入两块椎骨之间，刺穿脊髓，使猎物立刻丧失抵抗能力。猫科动物的犬齿周围分布有神经末梢，有助于在瞬间确定牙齿及颌肌的用力点（相较而言，犬科动物便无法完成如此精确的咬合动作。然而，从另一方面看，犬科动物可以咬碎骨头，但猫科动物只能将肉从骨头上撕扯下来）。猫科动物不使用利爪之时，可以将利爪收回，以保持其锋利。此外，猫科动物爪子上的肉垫非常柔软，虽然不适合长距离奔跑，但可以使之悄然无声地接近猎物。通过收缩肌肉,猫科动物可以抻长肌腱，露出利爪，张开脚趾，由此，爪子就变成了抓钩。

猫科动物尤其擅长夜间活动和捕猎。它们的眼睛很大，瞳孔非常灵活：有时会眯成一条细缝，阳光强烈时则呈小圆点,有时则会变成几乎能充满眼眶的大圆。要想看到东西，猫科动物所需的光线只有人类所需的六分之一，因此在几乎伸手不见五指的环境中，猫科动物也可以看得非常清楚。此外，正午的强光下，猫科动物依然能保护自己的视网膜。即使完全没有光线，猫科动物也依然能够通过敏锐的听觉判断老鼠的移动情况。它们的外耳可以旋转，确定声源。

尽管比不上狗的嗅觉，但猫科动物的嗅觉灵敏度大约是人类的 30 倍。猫科动物的外毛能感受到最轻微的压力，胡须尤其如此——我们不妨这样理解，猫科动物的触觉范围已延伸到皮肤之上。准备捕食猎物时，猫科动物的胡须会向前伸展，借此判断致命一击的位置。[3] 这些技艺娴熟的猫科动物捕猎者很快便适应了从高山到沙漠，从森林、沼泽到热带稀树草原的各种栖息环境，广泛分布在除澳大利亚和南极洲之外的所有大陆。

从老虎到家猫，猫科动物在解剖学和习性方面有惊人的相似性。它们都线条优美，身姿优雅，动作协调；都是贪婪老到的猎食者；都非常适应黑暗的环境。大多数猫科动物，包括小型猫科动物，都有一副随心所欲，自得其乐的做派。人们总是为之倾倒：西方文化中，狮子是无可置疑的百兽之王，是威武庄重、宽厚崇高的象征；在远东及中南美洲地区，老虎和美洲虎也分别享有同样的尊崇地位。古老的日耳曼部落中，战士们尚不知大型猫科动物的存在，便将欧洲野猫视为勇气的象征。

野猫（*Felis sylvestris*）广泛分布于亚欧大陆和美洲大陆。一般来说，野猫凶猛异常，极难驯服。然而，出现在北非的非洲野猫（*Felis sylvestris libyca*）却颇为温顺亲人。公元前 2000 年前（非洲野猫的名字首次得以记录时还是 *miw* 或者 *mii*），非洲野猫就出现在古埃及村落，捕捉大大小小各种破坏粮田的老鼠。古埃及人非常喜欢动物，很快就将非洲野猫驯化为宠物。和其他家养动物不同，猫的习性少以人类的意志为转移。将狼驯化成狗之后不久，人类便训练狗成为守望猎犬、放牧犬等。但猫的情况有所不同，它们天生就纯熟于自己的本职工作：捕捉啮齿类动物。现代猫比其野生祖先体形相对较小，且毛的颜色及长度均有多种变化。现代猫的繁殖速度更快，每年要经历两到三次繁殖期，而不像其野生祖先每年只经历一次繁殖期。现代猫相对有更多的社交活动，适应了居家生活，有些情况下甚至还会有规律地与附近的猫在中立领地上会面，仿佛参加某种猫科动物俱乐部一样。野生祖先生长期的一些特征会随着年龄的增长而消失，但现代猫终其一生都会保留这些特征：喜爱社交、活泼好动、依恋最初的猫窝、尊重顺从体形较大的动物——尤其是人类。不过，猫始终保持着自己的独立性和掠夺性。动物学家罗杰·泰伯（Roger Tabor）曾在 1983 年写过，猫是“大不列颠最常见的掠食者”。如未能受驯于人类，猫可能会恢复野猫凶残叛逆的性格。野猫与野狗不同，可以完全不依赖于人类而生存。它们极善于捕食，甚至会威胁到啮齿类动物、兔子和鸟类的数量——在这一方面，狐狸、猛禽等其他小型捕食者都难以望其项背。[4]

现代家猫的祖先——非洲野猫

自公元前1450年起，家猫的形象便频繁出现在埃及墓穴壁画上，通常位于家具下方，也就是现在其后代喜欢停留的位置。一般来说，壁画上家猫通常位于女主人的座椅下方，不是忙着吃鱼，就是急切地抓扯猫链，想挣脱束缚，凑到食物跟前。书吏内巴蒙（Nebamun）因自己的墓室壁画得以留名于世——这幅壁画描绘的是他生前最喜欢做的事：

和妻子、女儿以及猫一起在沼泽地中捕猎。这幅画的场景非常理想化：水里都是游鱼，天空中满是飞鸟与蝴蝶，猫正在竭力控制着它捉到的三只鸟。

古埃及书吏内巴蒙墓室壁画中，内巴蒙正与妻子、女儿和猫一起捕捉水鸟（约公元前1360年）

与埃及许多其他动物一样，猫也与一位神祇有关，即掌管女性魅力、生育、母性及家庭的巴斯泰托女神（Bastet）。巴斯泰托女神的性情特征自然来源于猫：优雅、美丽、性欲旺盛、充满母性且非常享受家庭的舒适感。最开始，巴斯泰托女神只掌管布巴斯提斯城（Bubastis），约公元前950年，第二十二代王朝定都布巴斯提斯后，女神地位提升，成为国家等级的神明。自那时起，巴斯泰托女神的形象便频繁出现在古埃及艺术品之中——有时是一只坐姿优雅的猫，有时则是猫头人身像。坐姿优雅的猫神态机警，同时也泰然自若，尾巴乖巧地盘在猫爪边，完美地表现了猫之所以给人神圣感的原因——与生俱来的镇静与超然。不止如此，由于巴斯泰托女神的形象是友好的家庭伴侣，所以对于普通人来说，她身上带着一种特有的亲和力。公元前15世纪游历埃及的希罗多德称，布巴斯提斯的巴斯泰托女神庙是整个国家最具吸引力的地方，一年一度的巴斯泰托节最是受人欢迎。4月或5月，船上会坐满男女，他们高唱着风月歌曲，讲着露骨的笑话，沿河航行至布巴斯提斯城，恣意纵酒放歌以表庆祝。不过，我们不能忘记，巴斯泰托女神其实并非古埃及最重要的动物神。她之所以如此出名要归功于现代爱猫人士，这些人认为，比起公牛、豺狼等动物，猫天生就有神的气质。

无论如何，有一点显而易见：古埃及人养猫不只为了捕鼠捕蛇，也将其珍视为宠物。猫经常与人类家庭同乐，且猫死去后，饲主一家会非常伤心。此外，和其他养猫的人不同，埃及人对自己宠爱的猫似乎并没有矛盾情绪：在埃及人眼中，猫永远都能令人愉悦且性情温良。它们身上凶残的一面已被转嫁到狮头人身形象的塞赫美特女神（Sekhmet）身上。

法老使巴斯泰托女神成为古埃及主神后，猫神的雕像在公元前950年左右风靡一时

希腊化时期的古埃及木乃伊猫像

希罗多德和之后的希腊旅行者都没有见过埃及的猫，因此对这种动物的印象极为深刻。对于只认识野猫的人来说，看到驯顺的猫舒适安逸地生活在家里，回应人类的关爱，简直觉得无与伦比地美妙。猫的分布区域逐渐从埃及延伸到希腊，继而扩展到整个罗马帝国，不过，在古罗马时期，猫的存在并没有特别引人注目，也鲜见于自然历史方面的经典作品中。亚里士多德认为，由于母猫“在叫春的时候，会引诱公猫进行交配”，所以“母猫生性放荡”。[5] 在交配的过程中，母猫确实扮演较为主动的角色，可以说亚里士多德的看法还算准确公允。在发情期，母猫会不断尖叫吸引公猫，继而展示自己，并随着身体温度的升高而不断追逐公猫。这种现象导致的结果之一是，诸多对雌性动物性欲的攻击，对象由母猫转为女性。布丰（Buffon）不惜篇幅地描写了母猫追逐并强迫一只不情愿的公猫接近自己的行为，这种描写中的情感刻画大抵来自他对某些性欲旺盛的女性的了解。

然而，通常情况下，古典学者笔下对猫的描述或来源于民间传说，或基于毫无根据的理论。也许是受当时将巴斯泰托女神、阿尔忒弥斯女神和戴安娜女神视为一体的启发，普鲁塔克将猫瞳孔的变化与月亮的周期相联系，得出

德尔麦迪那（Deir-el-Medina）墓穴壁画，太阳神拉（Ra）化身猫惩治蛇形恶神阿波菲斯（Apophis）（公元前1300年）

新王国时期壁画，一只猫在放鹅

在利基翁（Rhegium）发现的罗马硬币，城市创建者正与猫玩耍

了错误的结论：他认为，猫的瞳孔“在月圆时会变得大而圆”，月缺时“就会变得细而长”。至1693年，这一传闻仍十分流行，还曾出现在威廉·萨蒙（William Salmon）的《英国医师全书》（*Complete English Physician*）中。[6]

目前，尚无证据表明猫常见于古希腊或古罗马的人类居所附近，它们甚至不被视为鼠害最有效的控制者。老普林尼（Pliny the Elder）曾指出，在“住宅周围”游荡，赶走蛇的动物不是猫，而是黄鼠狼。希腊语单词“*ailuros*”和拉丁语单词“*felis*”都可以用于指代所有捕捉老鼠的长尾食肉动物。特指猫的名词“*catus*”最早见于公元350年。当时，帕拉狄乌斯（Palladius）在一篇农业论述中提出了一个新颖的想法，即农民可以通过饲养猫赶走蔬菜园中的鼹鼠。不过，他在之后的文章中提到黄鼠狼也可以发挥同样的作用。[7]猫偶尔会出现在希腊花瓶的图案上或罗马的马赛克图案上，但若论及第一个表达对猫的喜爱之情的作品，应该是出现于公元3—4世纪的高卢罗马人纪念碑，碑面上描绘了一幅温馨动人的场景：一个孩子紧紧抱住自己心爱的小猫。公元4世纪时，家猫肯定常见于英国城镇周围，因为在锡尔切斯特（Silchester）附近某家工厂铺开晾晒的瓦片上，留下了猫的脚印。

希腊化时期的花瓶，展示了古希腊女性逗猫的场景

同一时期，家猫也经由波斯和印度传播到了远东地区。在琐罗亚斯德教的古老传统中，猫与恶灵有联系，认为可能这种动物就是由恶灵创造的。人们一致认为狗忠诚可靠，与之相较，人们想当然地认为猫心怀不轨。不过，猫的重要性最终得到认可。7 世纪早期，一位残暴的地方官员意图摧毁雷（Ray）这座城市，下令将所有人的猫全部杀死。结果，鼠患横行，逼得人们不得不背井离乡。最后，王后带回了一只猫以取悦国王，说服国王驱逐那位邪恶的地方官员，雷这座城市才幸免于难。波斯人对猫普遍怀有敌意，即使在有爱猫传统的伊斯兰教传入后依旧如此。中世纪的波斯诗人认为，

猫代表贪婪、虚伪、不忠的形象。[8] 公元500年时，印度人已熟知猫这种动物。《五卷书》（*Panchatantra*）中曾这样描述过一只猫：“他是个忘本负义的伪君子。”由此可见，印度人当时对猫普遍持猜疑态度。通常，印度人并不会把猫当作宠物，所以猫在印度更常见于垃圾堆周围，而非门户之中。此外，西方人认为猫舔舐自己的行为是爱干净的表现，而印度人则认为猫的唾液不洁，所以很排斥这种举动。

《猫和老鼠》（*The Mouse and the Cat*）的寓言故事，摘自16世纪中期《胡马雍书》（*Humayunname*）

猫很可能是公元初年传入中国的，于唐代时肯定已经到了妇孺皆知的地步。一位唐朝诗人讲述了这样一件事：女皇武则天为了表现在全中国推行佛教非暴力思想的成功，曾饲养了一只小猫和一只小鸟，并让它们一同进食。然而不幸的是，女皇在大殿上展示的时候，本应已“改邪归正”的猫由于紧张杀死了往日的伙伴。公元1000年左右，诗人王琪写过，学者张澨非常珍视自己的七只名贵小猫，还为它们取了“白凤”“莫愁”等风雅之名。[9]唐宋时期，中国艺术家对于猫的描绘更为写实，也更为生动，水平远高于中世纪同时代的欧洲艺术家。

宋代李迪《狸奴小影图》册页，绢本设色

宋代佚名《富贵花狸图》，绢本设色，立轴

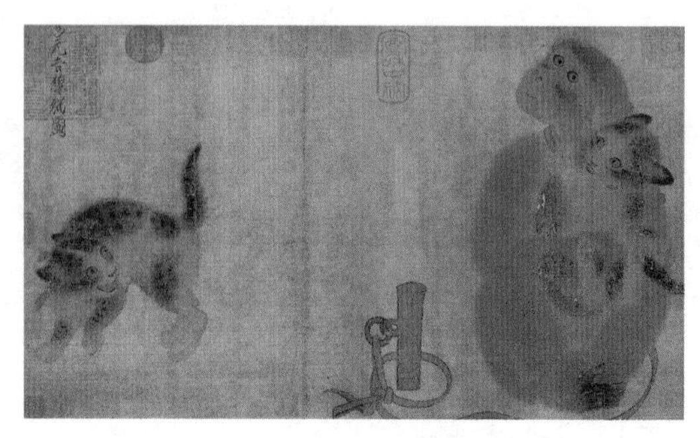

一只猴子抓住了一只小猫，另一只小猫抬头看着它们，意欲攻击但心有忌惮。宋代易元吉《猴猫图》册页，约1064年，绢本设色

大约公元7世纪，猫从中国经朝鲜半岛传入日本，最初因稀有而成为皇室的贵宠。当时，将猫敬献给天皇也是非常得当之举。《更级日记》（*Sarashina Diary*）中作者描述了姐姐和丈夫的过世及爱猫之死；紫式部所著《源氏物语》中的一段议论表明了猫在宫廷中通常所受到的礼遇："哪怕是最不与人亲近的猫，在被人抱在怀中，或与主人同眠时——经历过爱抚、喂食及无微不至的照顾——很快就会放下自己的骄矜。"书中的皇太子对猫情有独钟，谈论起猫来丝毫不会吝惜自己的时间。[10] 不难想见，猫很快便迅速繁殖，但依旧受人尊重。由于能够消灭毁坏粮食、破坏蚕茧的老鼠，所以在整个远东地区，猫都备受推崇。

一只在风月场窗前的短尾猫，安藤广重《名所江户百景——去浅草田圃大鸟神社赶庙会》

自始至终，泰国人一直都非常喜欢猫。他们会在寺院养猫，认为正是猫保护了神圣的经文，使之免受啮齿类动物的啃咬。从古至今，寺院方丈都会饲养特殊品种的猫，且方丈决不会出售幼猫，只会将其赠予受之无愧之人。直到今天，泰国的学校还会教学生们一首歌谣，赞颂猫的友善亲和、于人有益：

> 哦，猫啊，亲爱的小猫，
> 它如此活泼好动
> 叫两声小猫小猫，它就会跑来
> 撒娇磨蹭你的双腿
> 它知道如何表达爱
> 夜晚捕捉老鼠
> 它是优雅的化身
> 是动物的表率[11]

这样，孩子们就自然而然地学会了善待猫，因为猫是积极贡献的榜样。

17世纪，第一批欧洲定居者踏上美洲大陆时，猫也随之而去。从遗传学角度看，即便时至今日，以英格兰猫为祖先的新英格兰猫，也与以荷兰猫为祖先的纽约猫有极大不同。

中世纪前后，欧洲人已将猫定义为啮齿类动物捕食者，但也仅此而已。猫经常在中世纪文学作品及雕刻艺术中出现，这些作品的大部分都表现了猫捉老鼠或戏弄老鼠的场景，偶尔才会展示照顾幼猫的样子。例如，在温彻斯特大教堂（Winchester Cathedral）的一处椅背突板上，就有猫叼着老鼠的雕刻画；在《勒特雷尔圣诗集》（*Luttrell Psalter*，约 1330 年）的页边空白处，也绘有一只蹲坐的灰色虎纹猫用爪子在扑打老鼠。虽然画作的比例尚不够精准，但作者对猫姿态的捕捉却十分到位。通常，这些作品只是反映了日常生活中人们熟知的猫的形象，然而，偶尔有些作品也会老调重弹，暗示猫与女巫之间的联系。例如，在赛尼特岛（Isle of Thanet）的教堂长椅上，就描绘了老妇人纺纱的情景，其身旁两侧的立柱上各有一只长相奇特的猫在注视着她；此外，在温彻斯特大教堂的另一处椅背突板上，也有老妇人骑在猫背上的图纹。

公元 10 世纪早期，豪厄尔达国王（King Hywel Dda）在《威尔士法典》中规定，一只成长到可以捉老鼠的猫价值四便士，与农民的土狗同价。如果猫尚不成熟、有视觉或听觉障碍或耽于外出闹猫，则价值较低。[12] 习惯用语“把猫从袋子里放出来”（这句话可上溯至 16 世纪，意为“泄露秘密”）表明即使从功利主义角度判断，猫的价值也十分有限。如果一个不懂行的人愚蠢到买了“袋子里的猪”（意为“没有验货就付款交易”），可能打开袋子的时候就会发现里面装着一只猫。

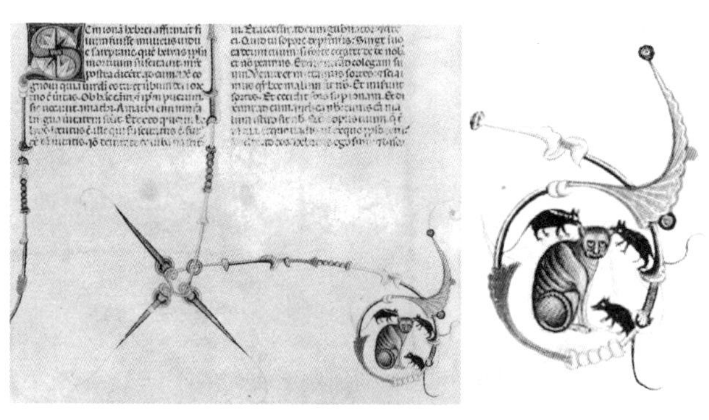

一本13世纪的法语版《圣经》页边空白处绘有一只猫和三只老鼠

由于猫已被认定为啮齿类动物的天敌，且其天性如此，所以人们一致认为猫比狗更具有掠食性。人们饲养猎犬和梗类犬是为了捕杀猎物，虽然它们现在仍热衷于追逐小动物，但很少表现出血腥无情的一面。实际上，猫捕捉动物是为了满足自己的天性，而非取悦人类，这也验证了一种主流观点：

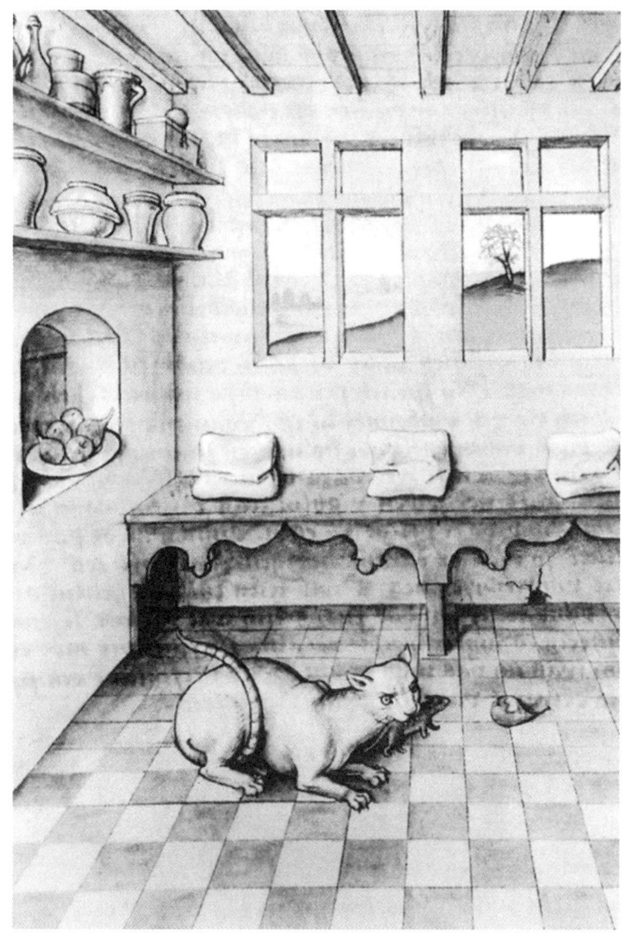

15世纪晚期一篇寓言中的插图——猫与鼠

Ecce catum mures captivum impunè laceſsunt,
Cauſsa quibus mortis plurima, liber, erat.

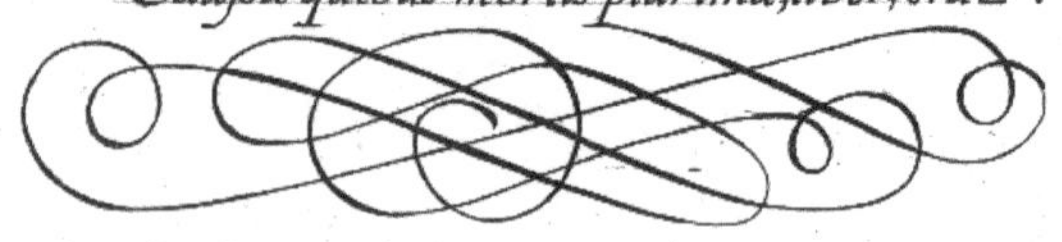

一本1635年的关于纹章的书中有这样一枚藏书票。猫代表贪腐的地方官，所以被关在笼子里。这幅图要表达的含义是：猫比老鼠吃的奶酪更多，即贪腐的地方官搜刮的民脂民膏比被捕入狱的小偷更多

猫自私自利，只考虑自身利益；而狗则不同，更愿意服务、体贴人类。在佛教传说中，佛陀病了，一只老鼠受命为佛陀送药，但老鼠未能完成这次任务，因为它半路被猫捉住吃掉了。在另一个故事中，佛陀涅槃时，唯一没有表达尊崇敬畏之心的就是猫，因为猫的眼睛专注地盯在老鼠身上。[13]

由于猫都是蹑手蹑脚地接近猎物，而不是像狗一样直接扑过去，所以人类认为猫狡猾、卑鄙，甚至虚伪。《伊索寓言》中，以猫为主角的故事只有五篇，其中两篇都谈到了猫捕食时好用阴谋诡计。在第 94 篇寓言中，猫杀死了房子里大部分老鼠后，就装死引诱剩下为数不多的老鼠出洞；

亚历山大·卡尔德（Alexander Calder）为1931年版的《伊索寓言》（*Aesop's Fables*）所画的一笔画插图《猫与公鸡》（*A Cat and a Cock*），表现了猫作为捕猎者的凶残

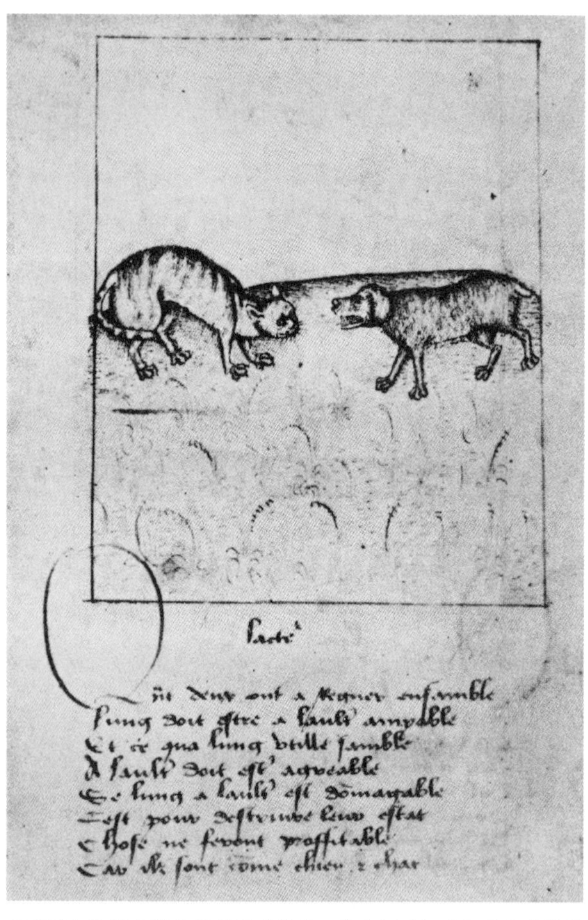

众所周知的猫与狗之间的敌对情绪，选自15世纪晚期法国《带韵格言》（*Proverbes en Rimes*）插图手稿

在第95篇中，猫为了捉住农场里生病的老母鸡还假装医生上门探访。印度故事集《五卷书》中有一篇著名的寓言故事：一只鹌鹑和一只野兔向住在附近的猫讨教。那只猫是名隐士，因神圣和悲悯而颇有圣名。鹌鹑和野兔到了猫的家里，猫正在念诵有关仁义道德之重要及伤害圣灵之罪恶的格言，特别提到伤害安分守己的生灵简直是罪大恶极。因此，两只小动物便对猫毫无戒心，请猫解决它们之间的分歧。但猫说自己又老又聋，所以它们得靠近些，才能完全听明白事情的来龙去脉,做出公正的判断。鹌鹑和野兔便走上前去。结果可想而知，猫一跃而起，扑过去杀死了它们俩。[14] 这个故事在印度流传甚广，甚至出现在南印度默哈伯利布勒姆（Mahabalipuram）古迹群一座著名的浅浮雕上。浮雕上，猫后腿站立，两只前爪伸向天空，模仿虔诚的苦行僧的姿势。

猫休息时甜美平静的姿态和热衷捕食的天性形成了鲜明对比。因此，在西方诸国，猫也是伪善的代名词。格林兄弟曾记录下一则广为流传的民间故事,即《猫鼠搭伙》（*The Cat and Mouse in Partnership*）。在这个故事中，猫向一只老鼠表达自己的喜爱与友善，言辞极为恳切，于是，老鼠便同意与猫搭伙过日子。在猫的建议下,它们买了一大罐肥肉，储藏在教堂里，以备过冬之用。一天，猫想吃肉了，便告

两只前来求助的小动物走到猫面前，猫神圣的外表掩盖了其捕食的真实目的。此为拉·方丹（La Fontaine）1838年翻译的古印度寓言故事《虔诚的猫》（*Devout Cat*）中，格朗维尔（Grandville）所绘插图

诉老鼠自己必须出门处理家事，可它直接去了教堂，吃了一部分肥肉，那天剩下的时间就在镇上溜达。后来，猫又耍了两次这种把戏，终于把所有的肥肉都吃完了。冬天到了，四处都找不到食物，老鼠便提议说去享用之前买好储存着的肥肉。显然，老鼠最后发现的是个空罐子。得知发生的一切后，老鼠忍不住责备猫，可猫为了让老鼠闭嘴，一不做二不休，把老鼠也吃掉了。[15]

H. J. 福特（H. J. Ford）为童话故事《猫鼠搭伙》所绘的插图（1894年）

猫捕到猎物后，不会立刻将其杀死、狼吞虎咽地吃掉，反而会先戏耍猎物一番，正因如此，猫更被认为卑鄙奸恶而受到道德上的谴责。埃德蒙·伯克（Edmund Burke）在其《致一位贵族的信》（*Letter to a Noble Lord*，1795 年）中巧妙地运用了猫这种外表温柔，实则残忍的对比：空想家们追求乌托邦理想的实验根本没有考虑过人类的牺牲，这正像是“阴险、道貌岸然、奸猾、利爪暗藏、眼冒绿光的哲学家们”，冷酷无情地玩弄其捕获的猎物。[16] 与此类似，“似猫的”（catty）意味着狡诈刁钻、恶毒狠辣，“猫一样的”（feline）暗含着“鬼鬼祟祟”的意义。“玩猫鼠游戏”（to play cat and mouse）表示利用自己的权势玩弄受害者，欲擒故纵；“五人抢位置游戏”（Puss in the Corner，直译为“角落里的猫咪”）的规则则是，四个人围着一位玩家，给他提供逃跑机会但又马上收回，并因此嘲弄这位玩家。

然而，从另一角度看，猫的狡黠可能正是小型食肉动物不可或缺的。以野兽为主角的叙事史诗《列那狐》（*Reynard the Fox*，写于 1250 年）刻画了一个无情的世界：在这里，大型食肉动物代表统治阶级，小型食肉动物则影射农民。此外，最值得同情的并非是故事中被捕食的动物，而是必须依靠自己的智慧挣扎生存的小型食肉动物。故事中最刁猾的动物就是列那狐，仅次于它的是雄猫蒂贝尔（Tybert）。日本民间故事中，猫和狐狸有诸多相似之处，不过通常情况下，猫比狐狸更能引起人们的同情。

直到19世纪人们普遍对猫表现出喜爱和欣赏后，对猫科动物的狡猾及与生俱来的捕猎能力的称赞声才渐渐高涨。查尔斯·亨利·罗斯（Charles Henry Ross）编纂了《猫之书：关于猫的事实及想象、传说、散文、医用、趣事及其他》（*The Book of Cats: Feline Facts and Fancies, Legendary, Lyrical, Medical, Mirthful and Miscellaneous*，1868年）一书。书中，他称赞了很多猫，比如，卡兰德（Callander）的一只公猫用一小块偷来的牛肉引诱老鼠出洞而颇得赞誉。达尔文学派的动物学家圣乔治·米瓦特（St. George Mivart），曾引用一本解剖学书中不太准确的内容大赞猫是符合“适者生存”法则的最佳典范。他对猫科动物的生理功能大为称道，认为它们是仅次于人类的高等哺乳动物：肉食目动物居于食物链顶端，因此在哺乳动物中处于支配地位，而包括家猫在内的猫科动物，则是适应能力最强的肉食目动物。

詹姆斯·怀特（James White）的作品《同谋者们》（*The Conspirators*，1954年）不仅反映了当代人对猫的喜爱，也反映出20世纪时，人们已能很自然地接受猫的捕食天性。

15世纪时《列那狐》一书的木版插图，表现了雄猫蒂贝尔阉割一名乡村牧师的场景

小说中的主角菲利克斯（Felix）扮演的就是船猫的角色，不过它乘坐的是宇宙飞船。飞船会穿过可以提高智力的大气层，首先受益的就是小型动物。菲利克斯的智商和情商都得到了大幅提升——虽然尚不如飞船实验室中的老鼠们，毕竟飞船上的人类当时还未受影响。开化后的老鼠发现了实验室动物们的变化，便密谋离开飞船，可要离开飞船，就不得不仰仗猫的帮助，毕竟猫才是能在飞船上自由活动而不会令人起疑的动物。菲利克斯的思想已经非常开放，虽然它不总将老鼠视为高智商同伴，也不再单纯地将它们看作猎物了，但老鼠对菲利克斯仍心存疑虑。面对智力挑战和道德冲突的菲利克斯，此时早已超越了《伊索寓言》中那只执着于捕食的猫的形象。[17]

尽管人类只把猫当作能派上用场的小猎人，猫最终还是成功融入了人类的家庭。大量谚语和民间故事中，都提到狗被锁在门外，猫则在厨房中享受温暖的情形。杰弗雷·乔叟（Geoffrey Chaucer）在其《召唤者的故事》（*The Summoner's Tale*，约1390年）中写到，一位我行我素的修道士要想坐在家里最舒适的椅子上，还得先把卧在椅子上的猫赶走。巴塞洛缪·安格利库斯（Bartholomew Anglicus）与传统编纂者不同，他所编之书《事物本性》（*De*

Proprietatibus rerum）受众颇广，其中详细描述了在其住宅附近出没的猫。小时候的猫“敏捷、顺从、快乐”，会起身一跃扑向所有移动的物体，还爱摆弄稻草；大一些的猫“就成了凶猛的小兽……整日懒洋洋的，捕鼠时会狡猾地等老鼠出现”。和大多数描写自然世界的中世纪作家一样，巴塞洛缪也难逃大势，添加了很多想象的细节，使书具有了道德方面的意义：经常在住宅附近炫耀自己皮毛的猫，人们可以通过烧焦它的毛的方式把它留在家中。猫确实非常注重自己的毛，但“炫耀”一词实际上是用于描述人类的，与此类似的例子是亚里士多德用“淫荡”这个词来形容母猫。大部分关于猫与女人之间的联系都出自修道士之口，他们经常用猫比喻虚荣的女人。尼古拉斯·波宗（Nicholas Bozon）曾残忍地说过：要想把猫留在家里，可以剪短它的尾巴、剪破它的耳朵或者烧焦它的皮毛；同样，要想让女人不出门，也可以剪短她们的裙摆、弄乱她们的发型或者弄脏她们的衣服。[18]

人类最开始养猫，是为了控制啮齿类动物的数量，所以当时没人注意到其美丽迷人之处，也没发现其可作为人类伴侣的作用。猫很少出现在文学作品中，即使出现，也只是被用作类比，比如，将狠心的家庭主妇比作玩弄老鼠的猫。

康沃尔郡（Cornwall）博德明镇（Bodmin）“猫与小提琴”酒吧的标志

猫舒适地待在家中。克里斯托福罗·鲁斯蒂奇（Cristoforo Rustici，1560—1640年）作品《一月》（*The Month of January*）

《捉弄老鼠的猫》（*A Cat Playing with a Mouse*）。摘自英国的拉丁文《圣经·诗篇》（*Psalter*），约1325—1335年

就连莎士比亚也未能从猫身上找到灵感:《威尼斯商人》中夏洛克（Shylock）把猫视作“无害且必要”的动物;《无事生非》中培尼狄克（Benedick）开玩笑说把猫吊起来装在皮口袋中当成射击的靶子;《仲夏夜之梦》中拉山德（Lysander）因赫米娅（Hermia）总是张牙舞爪，在云雨之事方面颇为主动,而称她是一只猫;《鲁克丽丝受辱记》中塔昆（Tarquin）听到鲁克丽丝（Lucrece）的祈祷，就像猫爪下苟延残喘的老鼠;《麦克白》中麦克白夫人（Lady Macbeth）用谚语“想吃鱼又怕湿了脚的猫”来刺激自己的丈夫。[19]

在作家注意到猫的魅力之前，视觉艺术家就已经认识到了猫的装饰作用。文艺复兴时期，画家们将历史上的宗教事件置于当代背景下时，总会让猫出现在画面上——《圣经》中涉及用餐的场景更是如此。丁托列托（Tintoretto）曾画过六个版本的《最后的晚餐》（*Last Supper*），其中至少三个版本中都有猫出现。此外，他的画作《基督在以马忤斯》（*Christ at Emmaus*）和《伯沙撒的盛宴》（*Belshazzar's Feast*）中,也出现了猫的身影。在某幅《最后的晚餐》(1592—1594 年）中，画面前景中心的位置被一只大胆而壮硕的猫占据，而基督与众位使徒则坐在餐桌后面。在这幅画作中，猫蹬直后腿，好奇地扒着篮子边，想知道女仆手里的篮子

谚语“想吃鱼又怕湿了脚的猫”的配图，选自15世纪晚期法国《带韵格言》插图手稿

中到底有什么食物。画作另一处，一只隐约可见的狗则趴在餐桌下，充满渴望地向上看着。在菲利普·德·尚帕涅（Philippe de Champaigne，1602—1674 年）的画作《以马忤斯的晚餐》（*Supper at Emmaus*）中，位于画面前景中央的猫正费劲地舔食餐盘中的剩菜，而仆人则挥手要把它赶走。这种生活化的现实冲突与餐桌旁专注于教诲的呆板人物形象形成了鲜明对比。尽管猫对复活后的基督的确没什么兴趣，但画作中的它非常迷人，皮毛柔软，长着银色的花纹，且表情甜美，实在让人无法狠心多加责难。

画作中出现这些动物，大概是为了让宗教事件更贴近生活，更易于被大众接受。然而，猫对人类活动的熟视无睹，有时也会带来道德上的影射。例如，在雅各布·巴萨诺（Jacopo Bassano）所作《最后的晚餐》（1546—1548 年）中，就有一只警觉的猫与神圣的场景格格不入——这只闷闷不乐的猫双耳贴后，蹲坐在画面边缘的小凳子上，似乎是对神圣的东西不感兴趣，说怀有敌意也不为过。在多梅尼哥·基尔兰达约（Domenico Ghirlandaio）所作《最后的晚餐》（1481 年）中，犹大（Judas）单独坐在餐桌一边，他旁边有只猫坐在地板上，直勾勾地盯着欣赏画作的人，同时犹大则假装与其他使徒交流——这只猫的存在更衬托了犹大

圣母、圣安妮和施洗者约翰慈爱地看着尚为婴儿的耶稣，一只邪恶的猫睁着金色的双眼，盯着盘子里的食物，目光里满是挑衅。朱利奥·罗马诺的《有猫的圣母》，约1523年，板面油画

的孤立。在洛伦佐·洛托（Lorenzo Lotto）所作《天使报喜图》（*Annunciation*，约 1527 年）中，画面中间的猫显得心怀恶意：它突然发狂，从向圣母报喜的天使身边跑开，而天使正告知圣母其所怀为上帝之子，神明拯救众生的神圣计划有望实现。此外，猫也出现在其他以圣家族为主题的作品中：所有人都敬拜基督的时候，猫却在闲逛、睡觉或捕鸟。在朱利奥·罗马诺（Giulio Romano）所作《有猫的圣母》（*Madonna of the Cat*）中，圣母慈爱地看着还是婴儿的耶稣，耶稣则朝施洗者约翰（John the Bapist）伸出双手。此外，画面中还有一只贪心的猫，意图从放在地板上的盘子里偷吃的。费德里科·巴罗奇（Federico Barocci）在其《圣母与猫》（*Madonna with a Cat*，约 1574 年）中所描绘的猫偷袭金翅雀，则象征恶魔意图破坏神拯救人类的神圣计划。毕竟鸟类多代表灵魂，金翅雀又因喜食有荆冠寓意的蓟草而进一步象征着基督为拯救众生所受的磨难。三个世纪之后的威廉·霍尔曼·亨特（William Holman Hunt）在其作品《良心的觉醒》（*Awakening of Conscience*，1853 年）中也表达了同样的象征性含义：一名年轻情妇决定洗心革面，从情人的大腿上准备站起来。画面桌子下方有一只长相凶恶的虎纹猫，正瞪着橙色的双眼向上看，大抵是因这名女性道德上的顿悟悔过而备感震惊，竟错手放走了刚捉到的鸟。这幅画和文艺复兴时期关于圣家族的画作一样，表现了同样的意象：猫想要捕捉代表灵魂的鸟儿，但却被神的仁慈挫败。此外，C. S. 刘易斯在小说《最后一战》（*The Last Battle*，《纳尼亚传奇》系列的最后一部，1956 年）中运用了这一传统的象征：冷酷无情、傲慢不逊的雄猫金杰（Ginger）带头密谋推翻神

一幅作于约1500年的圣约瑟事迹图。画中的猫像人一样目露凶光，坐在法老的仆人脚边，这名仆人此刻正向圣约瑟做出虚假承诺

圣秩序——高贵的狮子阿斯兰（Aslan）的统治。

在世俗作品中，猫通常也与食物同时出现，且都是猫正在偷食物的场景。朱塞佩·雷科（Guiseppe Recco）所作《偷鱼的猫》（*Cat Stealing Fish*）中，那只猫一副龇牙咧嘴的样子，因为它偷鱼的时候被人发现了。亚历山大-弗朗索瓦·迪斯波茨（Alexandre-François Desportes）所作《静物与猫》（*Still-life with a Cat*，约1661—1673年）中，摆满佳肴的餐桌后可以看到一只猫的头和爪子——它刚钩到一只牡蛎。猫的双眼大睁，一心盯着食物，耳尖朝前，嘴巴微微上扬，一副蓄势待发的狡黠样子，显然是谋划着在被人类发现之前把食物偷到手；但在同一系列的另一幅作品《静物与狗》（*Still-life with a Dog*）中，一只西班牙猎犬只是充满渴望地使劲嗅着餐桌上的火腿。弗兰斯·斯尼德斯（Frans Snyders）描绘过这样的场景：一只母猫带着孩子们争抢一堆主人打来的猎物。猫妈妈用力拖拽一只孔雀，一只小猫抓着一只小鸟，另有两只小猫跃身而起，各自扑向自己的目标。画面上的猫都是秉性难改的野蛮猎手，与前景中安静睡觉的狗形成了鲜明对比。在荷兰风俗画的酒馆狂欢场景中，猫的出现通常能增添动物纵享欢乐、自由不羁的氛围。但在雅各布·约尔丹斯（Jacob Jordaens）所作《饮酒的国王》（*The King Drinks*，约1640—1645年）中，作者却让漠然高傲的猫有了一种积极的姿态：一只暴躁邪恶的雄猫蹲坐在画作前景中，与画面中粗俗欢快的主显节狂欢和人们呕吐的场面拉开了很远距离；相比之下，一只狗则眼神热切，巴望着能喝点儿什么。

在最好的情况下，猫是人们眼中有益无害、不可或缺的动物；在最坏的情况下，它们就是一文不值、轻于鸿毛的普通动物，是可以随时随地任意虐待的对象：猫随处可

亚历山大-弗朗索瓦·迪斯波茨：《静物与猫》，17世纪晚期，布面油画

见，且遭受痛苦时很能满足施虐者的变态心理需要。在伊丽莎白女王的加冕游行中，猫被塞进教皇的塑像中，后来塑像被点燃，猫凄厉的喊叫便带来了生动的音响效果。此外，圣约翰节前夜（St. John's Eve），人们会在巴黎的河滩广场（Place de Grève）慢慢烧死猫，然后收集猫的骨灰，以求好运，这种仪式一直持续到 1648 年，当时由国王路易十四（Louis XIV）主持。还有，英格兰反叛的清教徒获得胜利之后，为了表达对英国国教的蔑视，便每天带着猎犬去利奇菲尔德大教堂（Lichfield Cathedral）捉一只猫，之后把猫带到伊利大教堂（Ely Cathedral）活活烤死。然而，让这些事件的官方记录员感到震惊的只是清教徒的破坏行为和对神灵的亵渎，而非对猫的残忍。[20]

现代早期，虐待动物是人们司空见惯之事，因此不会受到基督教会的责难。托马斯·阿奎那（Thomas Aquinas）在其《神学大全》（*Summa Theologica*）中辩称，对于缺乏自由意志、无法融入“被理性管控”的社会且无法获得来世的“非理性动物”，我们无须向其表示仁慈和善意。此外，人统治动物是天赋之权，所以我们可以按照自己的意志对待它们。17 世纪时，勒内·笛卡儿（René Descartes）强调了上述观点，称理性的灵魂才有意识、感情和自由意志。

温斯劳斯·荷勒（Wenceslaus Hollar）为一则寓言所配插图。寓言讲的是老鼠代表团与猫进行和谈，猫假装同意与老鼠和平共处后，杀死了所有老鼠

灵魂为人类所独有，所以在痛苦感知和情感察觉方面，动物们基本与机器无异。由此可见，按逻辑推断，对人类来说是表达痛苦的反应，在动物们那里只不过是毫无意义的本能反应而已。[21]

穆罕默德对动物的态度则更为开明：他教导众人，真主安拉要求人们，仁慈不仅要惠及人类，也应惠及世间所有生物。穆罕默德禁止一切虐待动物的行为，例如，在驴身上的薄弱处打上烙印，或组织动物进行打斗的活动等，并且他对猫尤其喜爱。下面这个故事广为流传：一天，穆罕默德要去祈祷时，发现自己的猫卧在斗篷上睡着了，为了不打扰熟睡的动物，他便脱下了斗篷。后来，他得知了一件让人震惊的事：有个女人将自己的猫锁起来，既不喂食，也不让猫外出觅食，任由猫渐渐死去。于是，穆罕默德多次提到他看到这个女人在地狱中被猫撕咬的情景。阿拉伯人普遍认为狗是不洁净的动物，而猫则可以与人共用餐碗。此外，猫饮用斋戒之水的话，绝不会带来污染。猫“不是肮脏的”，穆罕默德如是说，“它们是你们中的一员”。这就意味着，猫可以在房子里撒欢，狗（用来劳动或打猎）只能被关在门外。穆罕默德的一位密友对猫颇为喜爱，被人称为“阿布胡莱赖（Abu Huraira）”，即“众猫之父”。据说，有一天，先知遇险，被蛇所威胁，千钧一发之际，阿布胡莱赖的猫及时出现，咬死了蛇。作为回报，穆罕默德用手拂过猫的背部，确保猫绝不会四脚朝天摔倒；他还拂过猫的头，留下四道现在还出现在虎纹猫头部的条纹。

在伊斯兰世界中，能受到主人宠爱，能得到主人亲吻，能与主人同寝而眠的是猫，而不是狗。9 世纪时的诗人伊本·穆阿塔兹（Ibn al-Mu'tazz）曾为自己的猫写过一篇墓志铭，称猫就像“自己的儿子”，但由于误入邻居的鸽舍而被杀掉了。13 世纪时，一位苏丹捐建了一座“猫花园”，专门用于饲养开罗的猫，时至今日，人们依然会带着猫粮到这里喂猫。[22]

西方诸国直到 18 世纪才逐渐重视对动物的道德关怀。当时，情感上的道德感取代了将动物排除在道德关怀之外的宗教法律，这种道德感强调“手有余香”的心理满足感胜于道德律条，关注低等动物感知能力，弱化其缺乏人类理性的方面。对弱小无助、依赖于人的动物要施以人的关爱，推动了人们系统性反对虐待动物的工作。亚历山大·蒲柏（Alexander Pope）在其《论人》（*Essay on Man*，1733—1734 年）中教导我们：人类与动物共享整个世界，我们与动物并没有太大区别，因此我们根本没有权利虐待或剥削动物。谴责虐待动物的行为时，亚历山大特别以猫为例，因为猫是最常见的受害者：它们“命运多舛，无论出现在何处，总会无故被当作敌人。猫有九条命的无稽之谈已经使猫的数量剧减到原来的十分之一，在这一点上，路上随便一个人的战绩都要超过大力神赫拉克勒斯（Hercules），毕竟赫拉克勒斯杀死的怪物只有区区三条命”[23]。

尽管18世纪时，以猫为宠物的情形逐渐普遍，但大多数人仍将其视为卑微的家养动物，只是因为猫有感知能力，才被留下来为人所用，受人爱抚。爱德华·摩尔（Edward Moore）的寓言故事《农夫、猎犬与猫》（*The Farmer, the Spaniel, and the Cat*）中描述了这样的场景：农夫把与猎犬分享晚餐当作理所当然之事，而猫则“要谦卑地恳求得到作为仆人的那份”，但狗并不同意猫获得食物，于是猫低声下气地承认狗做出了巨大贡献，同时陈情说自己在能力范围内也为“人类的福祉”做出了贡献，即捕杀老鼠。听到这一理由，农夫才赏赐了猫一星半点食物。[24]

人们认为猫确实有其作用，不可或缺，但捕捉啮齿类动物这种单调的作用并不足以让猫跻身高贵动物之列。13世纪的《修女戒律》（*Ancrene Riwle*）非常严谨，用于指导准备为宗教事业献身的年轻女性。书中有所说明，修女们只能养猫。威廉·霍加斯（William Hogarth）笔下的妓女形象莫尔·哈克宝特（Moll Hackabout）被富有的包养者抛弃后，沦为普通的烟花女子，和猫一起住在肮脏的房间中［《妓女生涯》（*The Harlot's Progress*）版画第三幅，1732 年］。霍加斯另一幅作品《烦恼的诗人》（*Distressed Poet*，1737 年）表现了一只愁眉苦脸的母猫在诗人破旧的阁楼中照顾小猫的场景。在中国，如果家里出现陌生的猫，则说明贫穷和困顿即将降临，因为猫能预见这户人家很快会衰败，鼠患横行。

威廉·霍加斯的系列版画作品《妓女生涯》的其中一幅（1732年），猫的出现暗示了莫尔的职业及其拮据的经济状况

到了19世纪，猫被广泛地视作宠物，但它们并不能像狗或者马一样，为主人增添荣光。米瓦特曾在1881年称，猫是“贫苦人家的一员，狗通常在这样的人家毫无地位”。托斯丹·凡伯伦（Thorstein Veblen）对把狗作为炫耀性消费的行为十分不屑，赞成猫不会带来地位上的象征：猫所需不多，容易喂养；猫能“用于有益的目的”；猫也不仰仗主人而生。当时，思想传统的人总是认为猫毫无价值，因为养猫的人往往是穷人。贵族狩猎场的看守员总会无情地将猫杀死，以免猫威胁猎物的生存。之后，他们还会填充猫的尸体，与老鹰、猫头鹰和黄鼠狼的标本一同展示。就连皇家防止虐待动物协会（Royal Society for the Prevention of Cruelty to Animals）最初也忘记在女王仁慈勋章（Queen's Medal for Kindness）上将猫列为家养动物。维多利亚女王坚持要在勋章前景上加上猫的形象，她解释说，皇室应在改变大众对猫的厌恶和轻视方面做出努力，毕竟猫“经常被误解，且总是遭受虐待”。[25]

顽皮的小猫，颇有19世纪典型的感情色彩，油画作品，路易-欧仁·兰伯特（Louis-Eugène Lambert），《给兰伯特夫人的礼物》（*Cadeau à Mme Lambert*）

19世纪，人们对猫的喜爱已非常普遍，但有些人仍对猫持不同态度。尽管埃德温·兰西尔（Edwin Landseer）对大部分动物都有喜爱之心，但他的画作《猫爪》（*The Cat's Paw*，约1824年）则表现了猴子强迫猫火中取栗的场景，明显带有虐待猫的色彩

猫的魔力：恶行与善意

在人们普遍认为猫是具有一定用处但无足轻重的动物时，猫身上的一些特点就足以将之与其他普通家养动物区别开来。猫行动时悄无声息，毫无预兆，且动作精准——这种踏雪无痕的行动似乎在暗示，猫可以神奇地出现或消失。猫在黑暗中能看到近处的物体；猫能听到人类听不到的声音，哪怕在睡梦中也是如此；猫可以提前感知地震和强烈的雷暴天气（可能是对微小的震动或静电增加有天然的敏感性）。猫的感觉确实要比人类灵敏得多，以至于人们总觉得猫掌握着超自然知识，甚至有预测未来的能力（我们将狗视为从属于自己的盟友，所以并不为狗的同样非凡的感知力而惊叹；实际上，我们认为狗有这种能力是理所

应当的，是人类自身能力的增强与延伸）。猫总会面无表情地瞪大双眼盯着我们。这种冷静、好奇的目光在动物中并不常见，所以人类经常怀疑猫是在挑衅，是要无情地审视我们的内心世界。在人类看来，猫拥有的这些天性特质都是其神圣的或邪恶的特异功能。

尽管猫是除了狗以外与人类最亲近的动物，但它们并不像狗那样感情丰富，也不像狗那样热衷于取悦人、渴望被人关爱或与人亲昵。猫沉静自持、独立自主、直情径行，似乎生活在自己的世界中——一个人类融入不了的世界。在安吉拉·卡特（Angela Carter）改写的《穿靴子的猫》（*Puss in Boots*）中，她借猫的口吻戏谑地说道：我们总是带着“浅淡的、酷酷的、蒙娜丽莎式的微笑……颇有政客的气息；我们总是微笑，在他人眼中，这微笑却包藏着不轨之心”。[1] 人们总觉得猫居心叵测，故意偷听人类的谈话，就跟爱尔兰民间故事《欧尼和大鼻子欧尼》（*Owney and Owney-Na-Peak*）中描述的一样。

我们把猫当作低等动物，然而，猫却可以在我们的家中生活，毫无自卑感。中世纪和现代早期，社会等级和自然秩序的存在是合理且必要的，所以猫无视人类愿望和期盼的举止让人感到不快与不安。此外，人的统治地位由上

目视前方的猫：19世纪俄罗斯民间版画《阿拉布利斯猫》（*The Cat Alabrys*）

帝赋予，因此，猫对此的漠视实际就是对抗上帝，对抗人类。综上，猫神秘的夜行世界很可能由魔鬼撒旦主宰。

自中世纪到现代早期，猫看似拥有的超能力，再加上猫对人类需求的淡漠，让人们对猫疑心很大。这就为某些宗教仪式提供了“莫须有”的合理性，比如，在6月23日圣约翰前夜将猫慢慢烧死，以求驱逐基督社区中的恶魔，保护正在生长的庄稼免遭恶灵侵袭。由于人们常常假想猫与魔鬼撒旦精神相通，所以总是用猫与魔鬼做交易。1590年，詹姆斯六世（King James VI）国王从丹麦迎娶王后乘船回国的途中，北贝里克（North Berwick）的一群女巫声称要掀起波浪，摧毁船只，还说其施法步骤如下：给一只猫洗礼，将死人肉绑在猫身上的各个部分后，将猫丢入大海。在苏格兰骇人听闻的泰格海姆（Taigheirm）祭祀仪式中，一个人若想拥有预见能力，就得慢慢把几只猫烤死，作为牺牲献祭给邪恶的力量。如果这个心狠手辣的人及多只牺牲品能连续坚持四天，那么恶灵就会化作黑猫的形象出现，帮他实现愿望。19世纪时，类似的迷信在受教育程度较低的人们中间非常流行，伊丽莎白·盖斯凯尔（Elizabeth Gaskell）所著小说《南方与北方》（*North and South*，1855年）中，就描述了女主人公听闻此事，备感震惊的画面：她回到父亲所在的乡村教区，正好听到一位老农妇抱怨贝蒂·巴恩斯（Betty Barnes）偷了自己的猫并活活烤死以此作为巫咒来转移其丈夫的愤怒。因为猫在痛苦中的哀叫能强行召唤黑暗世界的力量，实现自己的愿望。巴恩斯显然并不怀疑这一咒语的效力，且由于烧死的不是自己的猫，所以她根本没有因残忍而有丝毫愧悔。[2]

猫也可能是恶魔本身。康尼马拉（Connemara）的一名渔夫每天都能捕到很多鱼，但每天都有一只黑猫来家里，趁着鱼还没被拿到市场上去卖之前把最好的鱼吃掉。一天晚上，黑猫来的时候，渔夫的妻子正好在家，猫看着桌子上摆着的鱼，警告她不要打扰自己，也不要大呼小叫。之后，猫便跳到桌子上肆无忌惮地吃鱼，每次渔夫的妻子靠近，它都会大叫。渔夫的妻子为了赶走黑猫，用力打了它一下，按说那种力道可以打断猫背，可那只猫只是朝渔夫的妻子邪魅一笑，继续大口吃鱼。后来，渔夫的妻子找了一瓶圣水泼到黑猫身上，黑猫马上就化作灰烬消失了。[3]

猫常常遭人诟病，因为人们认为猫与魔鬼撒旦在人间的代理人是同盟：它要么是女巫的化身，要么就是女巫的密友，暗中提供帮助。由于动物在异教崇拜中非常重要，所以经常出现在巫术迷信中，但不一定是猫。16 世纪和 17

世纪时，女巫的化身可以是野兔或者猫，其密友可能是杂种狗、老鼠或蟾蜍。只是在后来几个世纪中，巫术成为人类幻想中生动的主题，猫才显得神秘而独特，尤为吸引人，因而也成了巫术的标志性动物。

不可否认的是，猫确实经常出现在女巫行使巫术的场景中。猫愿意与得其欢心的人亲密接触，且其“来无影去无踪”的行事做派简直是女巫的天生密友。温柔体贴的主人会很自然地拥抱、宠爱自己的猫，甚至和猫吐露心声，而猫会因主人的这种自发行为受到会巫术的指控。1566 年，埃塞克斯（Essex）的一位农妇伊丽莎白·弗朗西斯（Elizabeth Francis）被判有罪。她曾跟祖母学习巫术，并从祖母那里得到了一只有白色斑点的猫。祖母随意给猫取名为“撒坦”，与魔鬼的名字相似，还让农妇教猫渴饮其血，饿食面包牛奶，困乏憩于篮筐之中。猫朝农妇叫唤时，“声音奇怪而沙哑”，而农妇却会尽力领会这些话。农妇向猫许愿，希望自己变得富有，并找到一位丈夫。作为回报，农妇刺破身体不同的部位取血喂猫，每一处刺破的部位都会留下永久的红斑。在猫的建议下，农妇设法引诱安德鲁·拜尔斯（Andrew Byles）。被拜尔斯拒绝后，农妇便让撒坦将拜尔斯变得一无所有，还杀了他。后来，猫确实给农妇找到了丈夫，但农妇婚后并不开心，于是便让猫杀掉了两个人的孩子，还让男人成了瘸子。最后，为了换一块蛋糕，农妇将撒坦送给了女修道院院长安格尼斯·沃特豪斯（Mother Agnes Waterhouse）。这只猫为了新主人，杀掉了邻居家的一头牛和三只鹅。[4]

著名的猎巫人让·布丹（Jean Bodin）曾提到过，1561 年，女巫和男巫到了晚上就会化身为猫，在法国弗农的古堡里集会。有几个好奇的人壮着胆子前去观察，结果一人被杀，其他人均被严重抓伤。然而，这些人也在打斗中弄伤了几只猫。第二天，人们在几个颇受怀疑的人身上看到了类似伤口。1679 年至 1680 年间，马萨诸塞州的伊丽莎白·莫尔

20世纪时的一张明信片，将塞勒姆女巫事件带来的恐慌化为笑谈

斯（Elizabeth Morse）被控为女巫。据说，她化身为奇怪的“如猫一样的白色动物”袭击邻居，邻居奋力反抗，将那个动物狠狠地砸在栅栏上。就在当晚，邻居得知莫尔斯夫人因头部受伤而请来了医生。同样的“白色大猫”也袭击了另一名目击者，那只大猫扑上这个人的胸部，抓挠他的领带和外套，还蹿到“（他）双腿之间，吓得他动都不敢动”。这些都是典型的猫科动物的行为，只是因为人们先入为主的观念，而被描述得十分邪恶。[5]

在民间故事《闹鬼的磨坊》（*The Haunted Mill*）中，由于晚上磨坊里总是有可怕的骚乱，所以磨坊主一个学徒都留不住。最后，有位年轻人自告奋勇带着斧头和祈祷书在磨坊里过夜。夜晚的钟声敲响第十二下时，一老一少两只灰猫走进来坐下，朝对方喵呜叫，显然觉得面前这个有备而来且神志清醒的人打扰了自己。两只猫想抢下年轻人的斧头和祈祷书，可由于年轻人动作太快而未能得逞。凌晨一点，小猫想扑灭蜡烛，但年轻人直接挥斧一击，剁掉了猫的右前爪。第二天，年轻人发现自己剁掉的并不是猫爪，而是人手。后来，磨坊主的妻子迟迟不肯露面，等她终于出现在大家面前时，人们才明白——她失去了自己的右手。[6]

1909年某期《哈珀周刊》（*Harper's Weekly*）的封面上，女巫及其密友被轻描淡写为美丽的女孩和可爱的小猫

女性与猫（还有狐狸）之间的随意变换，是日本民间传说中的常见主题。在日本故事中，邪恶的形象并非化作猫的女性，而是变为女性的恶猫，且通常都妖冶迷人。这些猫的个头与人相似，瞪着圆溜溜的大眼睛，长着直接能刺入受害者脖子的牙齿。在日本文化中，人们更喜欢短尾猫，所以恶猫常常长有两条长长的尾巴以作区分。《锅岛家的吸血鬼猫》（*The Vampire Cat of Nabeshima*）讲述了这样一个故事：一天晚上，一只大猫溜进了肥前国王子爱妾织丰（O Toyo）的卧室，致其窒息而死，并掩埋尸体，然后幻化成她的样子（猫科动物在猎杀大型猎物时，会先刺破其喉咙，使其窒息）。王子并未发现事情有异，仍极度宠爱猫变成的娇妾。一夜一夜过去了，王子的身体每况愈下，最后竟病入膏肓，所有医生都束手无策。由于王子通常都是晚上痛苦难忍，噩梦缠身，所以他就寝时有一百名护卫戍守在侧。然而，晚上十点之前，护卫都渐渐抵挡不住困意，昏睡过去。这时，猫变成的爱妾就会潜入房间，从王子的脖子处吸血，直到朝阳初升之际。后来，有一名深觉王子是受巫术所害的年轻士兵自告奋勇前来守护王子。为了保持清醒，他不停地用小刀扎自己的大腿。夜里，他看见一个美丽的女子靠近王子后，便一直盯着那名女子，阻止她施展巫术。女子无计可施，只能怏怏而归。第二天晚上，同样的事情再次上演。年轻的士兵已经完全明白了真相，便径直走到假爱妾的房间，想杀掉她以绝后患。可假爱妾摇身变成一只猫，跳到屋顶，逃离王宫，转而祸害当地百姓。最后，王子组织了一次猎猫行动，才终于将恶猫杀死。[7]

日本广为流传的民间故事《锅岛家的吸血鬼猫》的插图，19世纪木版画。令爱妾窒息而死的大型恶猫有两条标志性的长尾巴

关于恶猫的故事尤其能激发人们的想象力，包括《冈部的猫女巫》（*The Cat-Witch of Okabe*）在内的很多故事都被搬上了舞台。在这个故事中，女巫由猫幻化而成，以老妇人的形象示人，专门纠缠、恐吓在当地寺庙工作的年轻未婚女子。歌川国芳（Utagawa Kuniyoshi）于1835年曾画过一幅描绘歌舞伎表演的画：画面中，一个恶毒的女人长着大大的猫耳朵和毛茸茸的爪子，她跪在地上，身后蹲坐着一只怒目而视的大猫，左右两侧各有一名武士，随时准备杀掉那个女人。两名武士身边也各有一只猫，这两只猫后腿直立，正在跳舞，头上缠着方布——暗指民间传说：如果谁家丢了餐巾，那一定是猫偷走了，因为猫要戴着头巾参加舞会。在舞会上，所有猫都会高声喊叫："我们是猫！我们是猫！"通常，猫会在寺庙的大殿或其他应保持安静的地方举办这种舞会。[8]

一名武士曾亲眼见过这种疯狂的舞蹈。当时，他在一座偏僻的山寺中过夜，听到了猫的喊叫："别告诉竹篦太郎（Shippeitaro）。"第二天，武士到了离山寺最近的村庄，了解到每年那些猫都强迫村民们把最美的少女关进笼子里带到山寺，献祭给山妖。为了帮助村民们，武士便问竹篦太郎是什么。村民们说竹篦太郎是村长家勇敢忠诚的狗。于是，武士便借来了这只狗，把狗关进为少女准备的笼子里，带到山寺中。午夜时分，那些幽灵一样的猫再次出现，这次还多了一只体形硕大、分外凶恶的公猫。这只公猫看到笼子便扑了过去，还一直兴奋地叫喊，对着它认为的受害者好一顿嘲弄后，才打开笼子。就在此刻，竹篦太郎一下子冲出来咬住公猫，武士也趁机用短剑了结了它。接着，竹篦太郎杀死了其余的恶猫，整个村子也从那群猫的奴役中解脱了。[9]

歌川国芳：《冈部的猫女巫》，约1835年，木版画。两名武士正准备杀死长着猫耳朵和猫爪的邪恶的老女巫。女巫身后有一只大猫，另有两只普通的猫正在跳舞，带着邪恶的笑容

无独有偶，猫的大型集会也在欧洲引发了人们的不安。欧洲人总说，附近有猫秘密集会的时候，人类最好不要干涉。有的时候，欧洲人会认为把猫的尾巴尖切掉可以防止猫作恶，日本人也有同样的做法，他们也会把猫的长尾巴切短，以期抑制这一身体部位产生的邪恶力量。布列塔尼流传着这样一个故事：到了固定的日子，当地的猫就会借着月光聚集在仙女岩（Fairy Rocks）和立石（Standing Stones）附近。每到那时，明智的人都会远离那些地方，但醉酒的让·傅科（Jean Foucault）高兴地唱着歌往家走，无意间闯入了猫的聚会。突然间，他看到所有的猫都拱起背部，竖起尾巴，直直地瞪着他，他的声音一下子卡在嗓子中。最大的那只猫朝他扑过来，傅科以为这次自己会被猫撕成碎片，便闭上眼睛念诵痛悔经。然而，傅科感受到的却是猫用背部柔软温热的毛蹭着自己的腿部，他甚至还听到了猫舒服的呼噜声。这时，傅科才发现这是自己养的猫，这只猫护送傅科走出集会场地，告诉其他猫不要伤害傅科。这一故事的基础是对猫由来已久的怀疑，即猫拥有对抗人类的超能力。不过，这个故事显然糅合了一些现代元素，即猫也可以与人友好相处。

爱尔兰民间故事《欧尼和大鼻子欧尼》中这样写道：一天晚上，男主人公在墓地闲逛，碰巧遇上了当地猫的大

一只猫在主持戒酒集会，M. 布里埃（M. Brière），《猫的集会》（*Assembly of Cats*，1912年）

型集会，其中还有他自己养的猫。男主人公无意中听到了治愈国王失明的妙方，因此发了大财。后来，在他要把整件事告诉自己的表哥时，正好发现自己的猫也在听，于是，他机智地等猫离开房间，亲手关好门之后才将一切和盘托出。即便到了 19 世纪，加斯科涅（Gascony）的农民们也坚信撒旦会定期给猫好处，让猫注意人类的一举一动。不过，农民们也说不出猫的“报酬”如何，也不知道猫到底对人类做了什么："傻瓜不留心，智者多提防。这些畜生，好多都跟撒旦有交易。撒旦给它们好处，让它们守夜，而且恶魔聚会的时候，还让猫站岗。"白天，猫都会呼呼大睡，或者说是假寐，毕竟"巡逻了一整夜，它们也需要休息……有这么尽职尽责的哨兵，恶魔总能及时得到消息，消失得无影无踪"。和猫过于亲密是颇不谨慎的行为，因为猫认为自己生而与人平等，如果得不到自己误认为应得的特权，就会加以报复。法国有位女士非常宠爱自己的猫，甚至允许猫与自己同桌用餐。有一天，女士的朋友前来拜访，她便将猫赶下了餐桌。没想到，猫怀恨在心，晚上竟咬死了主人。另一则猫报复人类的故事：有只猫趁女主人去教堂，便在家里试穿人类的衣服。女主人回家后，因此惩罚了猫，结果晚上也被猫杀死了。[10]

即使是科普作家也认为猫身上可能有超能力。不过，这些作家的想法以两种实际情况为基础。一是恐猫症，即由于猫行为无常，喜欢蹲坐着瞪大双眼观察周围，而对猫产生的无端的恐惧。恐猫症绝不是最常见的动物恐惧症，却引起了人们的高度关注。不过，有些人确实会因为害怕猫而深感惊恐，甚至会当场昏厥。第二种情况更为常见，即猫过敏症（更确切地说，是对猫舔毛时带有唾液的皮屑过敏）。美国约有 5% 到 10% 的人受此困扰。猫过敏症不仅会让人流鼻涕、流眼泪，甚至还会引发哮喘导致呼吸严重受阻。著名外科医生安布鲁瓦兹·巴累（Ambroise Paré）夸大了这些小危害，让猫成了人们心中非常危险的动物。他在《论毒》（*Of Poisons*，约 1575 年）中称，猫的凝视可以让体质较差的人不省人事，还编造了大量假例，说明猫的“恶意恶行”。此外，他还声称猫的大脑、皮毛和呼吸对人类都是有害的，和猫同床而眠还会引发结核病。[11]

爱德华·托普塞尔（Edward Topsell）编纂的《四足动物、蛇类及昆虫志》（*History of Four-Footed Beasts and Serpents and Insects*，1607 年）号称是一部自然史，却在书中详细阐述了巴累所举的例子。猫的呼吸会损伤人的肺部，因此与猫同床而眠会使人衰弱；猫肉有毒；猫的“毒牙”能一口咬死人；误吸猫毛会引人窒息。和巴累一样，托普塞尔也因恐猫症患者的反应而抨击猫：猫“盯着人看就能让人中毒”，所以有些天生害怕猫的人会表现得“激动、烦躁、多汗、扯帽子或浑身发抖”。猫的声音也很具表现力，这说明它们有语言能力，甚至“拥有猫之间独特的沟通语言”。猫会用粗糙的舌头舔舐人类的皮肤，有时太过用力甚至会舔破皮肤，要是猫舔到了人血，就会立刻发狂。到了夜里，猫“目光如炬，简直让人无法忍受”[最后两项骇人听闻的说法，始作俑者是罗马的普林尼（Pliny）。其实，普林尼也曾将上述两项指控加诸狮子和豹子身上]。这种对猫的指控是为满足道德上的目的：告诫人们不要与猫交往，因为对没有永生灵魂的动物表现出喜爱之情既是不虔诚的，也是非常鲁莽的行为。托普塞尔称，有些修士因抚摩修道院里的猫而生病，是因为猫和毒蛇接触时身染毒素，这种毒素不会危害猫，但会危害人类。此外，“女巫密友最常以猫的形象出现，这是这种畜生危害人类灵魂和身体的有力证据”[12]。

爱德华·托普塞尔《四足动物志》（1607年）中的猫形象

直到1711年，约瑟夫·艾迪生（Joseph Addison）在为《观察家》（*Spectator*）写的一篇文章中，讽刺了人们对巫术的迷信，受过教育的人们才将其作为中世纪的陋习而摒弃。与此同时，女巫与猫之间的特殊联系却稳固确立。莫尔·怀特（Moll White）很喜欢一只虎斑猫，轻信的邻居们便怀疑这个可怜的老妇人通晓巫术。因为人们认为这只猫是怀特的好友，“曾与之有过两三次对话，还搞过几次恶作剧——普通的猫肯定做不到”。[13]

19世纪时，女巫和猫都被涂上了传奇色彩。很多对巫术感兴趣且喜欢猫的人都认为，猫科动物那种疏离淡漠、秘密夜行的方式和神秘莫测的感觉都甚为迷人，并非心存歹意；他们想象着这些特征如果真是魔鬼的馈赠该有多迷人。正因如此，喜爱宠物且尤其爱猫的沃尔特·司各特（Walter Scott）才会忍不住赞叹：“啊！猫是最神秘的动物。它们与术士和女巫交好，所以思想比我们所知的更为丰富。”埃德加·爱伦·坡（Edgar Allan Poe）曾称赞自己聪明的黑猫是“世界上最出色的黑猫之一——这确实有些言过其实，毕竟我们都应该知道，所有的黑猫本身就是巫师”。[14]

很多19世纪的法国艺术家都以与高贵的资产阶级划清界限为荣，于他们而言，与恶魔具有传统联系的猫就成了他们拒绝墨守成规、免于落入俗套的完美象征。这些艺术家在猫身上看到了自己的影子：猫被认为拥有神秘的知识，艺术家则拥有超凡的洞察力；猫被认为被恶魔吸引，艺术家则满怀震撼资产阶级的冲动。猫和艺术家对恶魔和禁忌的欣赏，实际上是一种优越感的体现，赋予了他们看透普通人之愚钝的自满的能力。猫与艺术家极为投契，因为猫美丽、超脱、漠视道德，艺术家则拒绝道德说教，为了艺术本身而追求艺术。在居斯塔夫·库尔贝（Gustave Courbet）的画作《画室》（*The Artist's Studio*，1855 年）中，前景中间有一只自娱自乐的白猫。虽然这幅画中有不少人物形象，但这只白猫丝毫不关心其他人的活动，这便是一种象征，即艺术家本人无视传统习俗及艺术陈规。

夏尔-皮埃尔·波德莱尔（Charles-Pierre Baudelaire）去世后，其诗集得以出版，好友泰奥菲尔·戈蒂耶（Théophile Gautier）为诗集所作序言中列举了猫身上的种种魅力：猫的美丽与恰到好处的陪伴（各个风格的现代作家都对此颇为欣赏）以及对邪恶力量的熟悉与神秘的知识，均承袭自古人，深受埃及哲人的崇拜。最近的考古调查，让人们再次注意到猫在古埃及的崇高地位。现代作家紧紧抓住这一点，并进行了夸大。猫“最喜欢的姿势是如狮身人面像一样的俯卧姿，似乎狮身人面像将自己的秘密都告诉了猫”。猫“还会坐在作家的书桌上，跟随作家的思绪，用深邃的金色眼睛看着作家，目光里都是善体人心的喜爱之情和妙不可言的洞察力”。然而，尤其令戈蒂耶着迷的是猫的神秘，是其难以捉摸的“夜行生活”。猫的眼睛有荧荧之光，猫毛会产生静电火花，所以它们“能在黑暗中出没，毫无顾忌。它们会遇到游魂、巫师、炼金术士、亡灵巫师、盗尸者、幽会情人、盗贼小偷、行凶杀人者……以及所有只在夜间行动的暗影。猫身上有一种气质，仿佛已经知道了关于安息日的最新消息。此外，猫还喜欢磨蹭靡菲斯特（Mephistopheles，歌德作品《浮士德》中的恶魔）的瘸腿”。猫发情时的叫声“有十足的撒旦气息，在一定程度上表明了猫对白天务实精神的反感。阴阳两界中的黑暗界对于猫来说毫无神秘感可言”。[15] 当然，戈蒂耶对猫怪异、沉沦的品位的欣赏很大程度上是刻意为之，因为他的爱猫泰奥菲尔夫人及其他的猫都是十分可爱的宠物。不过，将这种感觉投射到猫身上似乎也无可厚非。波德莱尔也很喜欢宠物猫的陪伴，他在夸大与猫共有的堕落品位时也使用了同样的反常表达。

20 世纪美国作家 H. P. 洛夫克拉夫特（H. P. Lovecraft）

也采取了与上述二人同样的态度：他本人很喜欢猫，并用猫来表达对于自己笔下的恐怖氛围的矛盾态度。这种恐怖氛围骇人听闻，极其危险，但真实潜藏在普通人所见的平静美好事物的表象之下，总会让那些敏感多思的人欲罢不能。猫是这种吸引力的代言人，它们也受此吸引，但绝不会让自己变得可怕；它们自己也很怪异，但不至于到令人反感的地步。猫在黑夜之中可以自在独行，但同时作为人

正在玩球的猫，选自出版于法国的拉丁文杂集中的动物寓言插图，约1450年

类的朋友，却也令人心安。《墙中之鼠》（*The Rats in the Walls*）的故事中，主人公和他的猫都被古宅之下神秘的恐怖气息所吸引，但猫控制住了自己，并未深入（而堕落的主人正好相反）。在《梦寻秘境卡达斯》（*The Dream-Quest of Unknown Kadath*）中，主人公深陷月球背后可怕的恐怖氛围中无法自拔，直到听到猫的叫声才回过神来，并在猫的帮助下返回地球。戈蒂耶曾暗示过猫面对恶魔的引诱与拒绝顺从之间的关系，洛夫克拉夫特在《关于猫》（*Something about Cats*，1926 年）中对这一点做了进一步阐述：猫并不热衷于美国传统的情感道德，及勇敢刚毅和善于交际的愚蠢思想，在这些方面与狗有极大不同。爱猫人士通过拒绝“无谓的社交活动和亲善之举，拒绝奴隶般的忠诚与顺从”彰显自己的与众不同。和猫一样，爱猫人士“也拥有自由的灵魂……他们内心唯一遵循的准则就是自我的天赋权利和审美观念”。[16]

19 世纪时，有几名作家在其小说中设法利用了猫拥有神秘力量的不安形象，但未使作品超出现实的可能性：他们以一种让人相信猫具有超自然能力的手法来描写猫的性格。爱伦·坡的小说《黑猫》（*The Black Cat*，1843 年）中，第二只黑猫似乎拥有超能力，且这只猫意志坚定，决意惩罚杀死第一只黑猫的主人公。小说的开头，主人公还是一个温和善良的人，后来因酗酒而日渐堕落，逐渐虐待自己曾宠爱的宠物——一只叫布鲁托（Pluto）的黑猫。布鲁托自然开始躲着主人，也不愿正视主人咎由自取的事实。后来，丧心病狂的主人公竟挖掉了布鲁托的一只眼睛，还把它吊死了。后来，当主人公发现一只和之前的猫极为相似的猫时，他非常开心，并和它做了朋友。不过，第二只猫逐渐对主人公表现出猫的亲热，甚至在主人公有意避开时还一个劲儿地凑上去黏着他，主人公这才感觉到，这只猫是在迫使自己反复回忆之前犯下的罪行。

尽管第二只猫的行为可能完全是自发的，但它看起来却像有超能力的复仇者。首先，第二只猫仿佛是凭空而来，它与布鲁托之间的相似性就暗示了它可能是布鲁托转世。其次，这只猫会刺激主人想起之前所犯的罪行，自食恶果：主人公下楼的时候黏在他脚边，挑衅主人公，使主人公对自己挥斧相向，主人公的妻子拉住他的胳膊劝阻时，主人公却失手砍死了自己的妻子。之后，主人公把妻子的尸体砌在地下室的墙里面，本以为可以逃脱谋杀的指控，但没想到黑猫和妻子一起被砌进了墙里。于是，猫的叫声引来了警察，使得真相大白。第二只猫不仅是足智多谋的复仇者，也是魔鬼撒旦的代理人——为了惩罚主人公对第一只猫的虐待行为，将其引入更深重的罪恶中，使其落入万劫不复的深渊。主人公最后恍然大悟，声称猫“一步步引诱我犯下了谋杀的罪行”。[17] 当然，主人公在这两只猫身上体验到的邪恶超能力，只是他脑海中的病态情绪：暗中作祟的并不是动物，而是这些情绪。

《荒凉山庄》（*Bleak House*）是查尔斯·狄更斯（Charles Dickens）的作品，其中大灰猫简夫人（Lady Jane）是阴险的落魄商人库鲁克（Krook）买回来的。库鲁克本想剥了猫的皮，却发现自己与猫非常投缘，终究没有动手。猫总是跟着库鲁克，黏着他，不愿意离开死人的房间，“柔软的尾巴总是蜷着，还一直舔嘴唇”。[18] 此外，这只猫还总是贪婪地盯着弗利特小姐（Miss Flite）的鸟笼。种种相似之处，都让库鲁克深感不安。这只猫和库鲁克暗示了狄更斯已经看透了自己所处时代中弱肉强食的现象。猫与库鲁克之间的关系与之前猫与女巫的关系类似，这更突出了其邪恶。库鲁克获得信息的神秘方式，他阴险狡诈的行事作风以及最终自燃这种非自然的死亡方式，都强烈暗示了库鲁克相当于巫师，而简夫人扮演的角色正是帮助他与邪恶力量接触的动物。尽管狄更斯个人很喜欢猫，但他笔下的猫却散发着危险的气息。在《董贝父子》（*Dombey and Son*）中，狄更斯通过多次将猫与卡克尔（Carker）对比，突出了卡克尔的冷酷奸猾。[19]

在《黛莱丝·拉甘》（*Thérèse Raquin*）中，作者爱弥尔·左拉（Émile Zola）完全透过人类杀人犯的视角，展现了猫的邪恶力量。通过这种方式，左拉将“猫是有超能力的控诉者”这一观念与严格的自然主义小说这一形式完美融合。书中的杀人犯洛朗（Laurent）非常符合其农民的身份背景，正因如此，他才会怀疑猫对人类的罪恶感兴趣，才会逐渐将拉甘夫人（Madame Raquin）的宠物猫弗朗索瓦（François）视为谴责自己的证人。左拉用夸张的笔法描述了洛朗对罪行的主观感受，与此同时，他也时刻注意这样的客观现实：弗朗索瓦只是一只人畜无害、不谙人事的动物。这也体现出猫从古至今都是随手可得的小受害者。

黛莱丝的丈夫卡米拉（Camille）和婆婆都太过愚钝，甚至都没发现她与洛朗在属于夫妻二人的卧室中偷情，但一切都被弗朗索瓦看在眼里：“它一脸严肃，一动不动，两只溜圆的眼睛死死盯着那两个人，仿佛是要看透他们。它根本没有眨眼，完全沉浸在一种恶魔般的狂喜之中。”黛莱丝发现这一点很有意思，但不喜欢猫的洛朗“却觉得不寒而栗”，所以就把猫赶了出去。洛朗的不安很好理解，猫冷静的目光似乎能看透一切，不露一丝情绪，不带一丝同情。后来，偷情的两人淹死了卡米拉，虽然猫的行为仍非常自然，但却加深了两个人的罪恶感和焦虑感。两人结婚当晚，他们听到挠门的声音，吓得以为是被淹死的卡米拉要进来，结果却发现门外是弗朗索瓦。面对两个人的恐惧和洛朗的敌意，弗朗索瓦本能地“跳上椅子，竖起毛，绷着腿，冷酷凶恶地盯着自己的新主人”。洛朗将这种防御姿态理解为威胁，认定这只猫意图报复，他很想把猫扔出窗外，可却不敢如此，最后只是打开了房门而已。于是，那只受惊的猫“喵地大叫一声逃走了”——毕竟，它只是一只弱不禁风的小动物罢了。[20]

尽管弗朗索瓦作为良心谴责的化身在这个故事中扮演着越来越重要的角色，但它仍不过是一只猫而已。不过，我们确实可以理解洛朗将之视为邪恶复仇者的感受：犀利的目光，意味深长的肢体语言，危险的对手。虽然体形较小，但猫绝不会屈从，如有必要还会奋力搏斗。《黛莱丝·拉甘》一书中，弗朗索瓦是唯一没有被人轻视贬低的角色。作为一只猫，它始终秉持着自己的本性，周围愚蠢世界的纷扰完全没有影响它。

20 世纪后期，人们对巫术和超感力量的严肃信仰因精神学说和神秘主义运动而复苏。不过，那时的人已不再认为巫术和超感力量带有邪恶的色彩，也不再因此大惊小怪。由于巫术已成为带有启发性意义的自然宗教，且超感觉察已成为对理性感知范围的有益扩展，猫便因其所谓的超自然能力而受人重视。作为当代“执业女巫”，马里恩·温斯坦（Marion Weinstein）严肃地指出，猫尤其适合女巫，因为猫愿意合作，能读懂人的所思所想，且喜欢幽灵。弗雷德·格廷斯（Fred Gettings）曾在《猫的秘密》（*The Secret Lore of the Cat*）中宣称，猫可以接触“以太层面”，即“人类通常不得而知的灵性层级”，且它们完美的动作揭示了“一种纯粹的以太力量确实存在”。大卫·格林（David Greene）认为，猫可以通过心灵感应（普通的狗所使用的是视觉观察方法）读懂人类的思想，“可以与主人进行深度的、有启发性的交流”。[21]

和很多神奇的动物一样，猫既可以带来好运，也可以带来厄运——很可能是有恶魔从旁协助。法国民间故事中的动物玛塔戈特（*matagot*）通常以黑色公猫的形象出现，能让主人变得富有。不过，西方传统中，善良仁慈的猫远远少于阴险刁滑的猫。此外，西方人还认为，猫之所以愿意帮助人类，根本上也是为了达到自己的目的。有一则法国民间故事以猫仍被认为是恶魔的时代为背景。那时，每年都有 12 只猫被吊在五朔节花柱上。这个故事中，一个穷困潦倒的年轻农民想要捉只猫卖给人们吊死，自己也赚些钱。但他刚要扑向一只黑色公猫时，那只猫却突然跳开，开口道："真是笨蛋，竟然还有心思抓我。要是不想一无所有，就赶紧回家看看。"年轻人按照猫所说的赶回了家，及时扑灭了可能会烧掉整座房子的火。事后，年轻农民不禁感叹："那只会说话的猫竟然是巫师，我真的是欠了它人情啊。"说完，一个声音从身后响起："这话你不妨再重复一遍。"原来是那只猫出现了，正舔着自己的胡须。"滚开，可恶的东西，"农民一边喊，一边在胸前画十字，"不然我就把圣水浇在你身上。""神圣不神圣无所谓，但我不喜欢水，"猫继续说，"虽然你忘恩负义，但我再帮你一次好了。仔细听着：你从早到晚整天耕地，可还是没钱买猪油涂面包吃。不过，有个小角落能让你发财。你每天都去那个地方，可就是从没注意过。仔细想想，好好找吧。"开始，农民并不相信猫说的话，因为他把自己的地翻来覆去犁了好几遍，也没发现什么。后来，他恍然大悟，猫指的地方是厕所。虽然他心存疑虑，认为猫可能是在愚弄自己，但为了钱，他还是不顾污物，挖开了厕所。果不其然，这个农民找到了一个装满金子和珠宝的盒子。[22]

在其他几个故事中，拥有神奇魔力的猫不仅选择与人结盟，也期望能得到相应的回报。已到深夜，一名还在纺纱的爱尔兰老妇人听到门外有谁在小声请求："亲爱的朱迪啊，让我进来吧，我真是又冷又饿。"老妇人以为是哪个孩子迷了路，便打开了门，可"走进来的是一只胸前长着白毛的大黑猫，身后还跟着两只小白猫"。三只猫径直走到炉火边取暖，发出幸福的呼噜声。后来，母猫警告朱迪以后不要纺纱到这么晚，因为仙女想在她的房间碰面，可她这么晚还不走，就破坏了仙女的计划。"她们很生气，正打算杀了你。要不是我和两个女儿进来，你早就没命了……我是特意过来提醒你。你现在给我拿点儿牛奶来，我得赶紧走了。"喝完牛奶后，母猫跟朱迪告别了："晚安……你对我很好，我不会忘记的。"说完，她就带着自己的小猫从烟囱走了，走时还不忘在壁炉边给朱迪留下一块银子——那可比朱迪辛苦纺纱一个月赚得还多呢。[23]

《小白猫》(*The Little White Cat*)是朗格多克(Languedoc)地区流传的故事：这只猫让善待自己的女人发了财，让欺压自己的人都倒了霉。有一座城堡总是闹鬼，城堡主人说，要是谁能在城堡里住一夜，就给谁1000法郎。于是，一名老妇人自愿前往，带着自己的小白猫和一只羊腿。老妇人先是做熟了羊腿，之后和自己的猫一起分享了羊腿肉。吃完后，猫就把防止幽灵进入城堡的方法告诉了老妇人。最后，老妇人顺利拿到了奖赏。老妇人的邻居效仿她的做法，可做熟羊腿之后，邻居自己吃掉了所有的肉，只把骨头丢给了猫。于是，猫就没跟邻居说实话，还藏了起来，任由幽灵进门吃掉了邻居。最后，猫闲庭信步地回到家里，还把发生的一切全都告诉了自己的女主人。[24]

所有拥有魔力的猫助手中，最有名的当属《穿靴子的猫》中的猫。这只猫虽然有超能力，但一直低调地生活在中世纪一户农民家庭中。尽管穿靴子的猫现在已作为传统喜剧中聪明仆人的形象出现，但人们仍认为它诡计多端，和《列那狐》中的主人公不相上下。磨坊主临终前将磨坊留给了大儿子，将驴子留给了二儿子，将猫留给了自己的小儿子。小儿子非常灰心——“吃完了猫肉，再用猫皮做个暖手套，之后我就只能等着被饿死了”。然而，猫向小儿子保证，如果能给自己找来一个袋子和一双靴子，就能让小儿子发大财。年轻人见识过猫捉老鼠时使用的各种花招，他并没有对猫的说法抱希望。不过，他还是想办法拿来了猫要的东西。故事中出现的靴子可能是一种奇怪的暗示——猫爪上常见的靴形标记（比尔·克林顿给自己的猫起名叫“袜子”）——更有可能是暗示这个故事中的猫和其他童话故事中的猫一样，想和人平起平坐。

猫拿着袋子捉了几只猎物，之后以自己主人的名义将猎物呈送给国王，还假称自己的主人是卡拉巴斯（Carabas）的侯爵。一番巧言之后，猫还让国王深信自己的主人拥有万顷土地，还有一座宏伟的城堡。其实，那座城堡原本属于一个富有的食人魔，猫设计骗他变成一只老鼠，顺势扑过去杀掉他并吞进了肚子里。故事的最后，国王将自己美丽的女儿许配给了年轻的农民。和《列那狐》的作者一样，这个故事的作者也采用了弱者的视角。作者喜欢猫不拘一格的聪明，轻而易举就骗过了国王和食人魔。实际上，整篇故事中，唯一有头脑的就是这只猫。故事中的猫坚持独来独往的本性，没有直接告诉主人做什么，反而独自行动，不相信任何人。要是换作狗或者马，可能就会把计划向主人和盘托出。靴猫的故事最初由意大利人斯特拉帕罗拉（Straparola）于1553年写成，但最广为流传的版本则于1697年出自夏尔·佩罗（Charles Perrault）笔下。[25]

靴猫诱骗食人魔的场景。古斯塔夫·多雷（Gustave Doré）为《穿靴子的猫》所绘插图，1862年

一个之前从不知道猫为何物的国家，因无法控制掠夺食物的老鼠而深陷绝望，这时，猫的到来及其捕鼠神手的天性自然会让人觉得猫带着超自然的光环。这个故事的英国版本由他人附会在中世纪时期伦敦市市长理查德·惠廷顿身上，其实，另有 26 个国家都流传着类似的故事。

苏斯博士的《戴帽子的猫》(*The Cat in the Hat*,1957 年）讲述了现代魔法猫的故事。一个阴雨天的下午，两个孩子独自待在家里，无所事事。这时，魔法猫横空出现，和两

迪克·惠廷顿（Dick Whittington）的猫在一个“天下不识猫”的国家捕鼠，亚瑟·拉克姆（Arthur Rackham）绘，1918年

理查德·惠廷顿爵士（Sir Richard Whittington，1350—1423年）的肖像。猫的传奇故事早就与这位曾经的伦敦市市长有联系。R. 艾斯特拉克（R. Elstrack）作品，约1618年

个孩子一起，欢笑打闹。魔法猫来的时候带着一个魔法盒，盒子里有两个小助手，他们几个差点儿把房子拆了。不过，最后一刻，魔法猫使用了魔法整理机，将房子恢复成了干净整洁的样子。它作为猫的那种无视权威的天性，及对劝说的不屑多少让人心存忧虑，不过，它确实让人们的日常生活变得多姿多彩。

在日本民间传说故事中，善良的猫往往比邪恶的猫更胜一筹（狐狸通常作为心怀歹意的形象出现）。目前为止，能带来好运的猫中，最著名的当属日本招财猫（maneki-neko）。它的形象出现在日本各地，甚至传播到中国和美国的华人企业中。招财猫体态丰满，表情和善，蹲坐在地上，一只爪子举起来模仿日本人打招呼的姿势。它能为商店招揽顾客，还能让家庭财运亨通，兴旺发达。关于这一形象的起源，有一种说法最贴近真实情况，有东京豪德寺的文献为证。1615 年，豪德寺因故凋敝，根本没有香客前来，寺中仅剩一个和尚和一只猫相依为命。之前，猫奄奄一息，就快饿死的时候，和尚救了它。和尚对猫悲伤地说："小猫啊，我不是怪你帮不上忙，毕竟你只不过是只猫。你要是个人或许还能做点儿什么。"没多久，一位藩主和随从们在寺庙附近被暴雨所困，正好看到一只蹲坐在庙门口的猫朝自己

日本招财猫，据说能招来兴旺和财富，在东方的家庭和商店中都很受欢迎

打招呼，藩主便走进寺庙避雨。在寺中，藩主被和尚的智慧深深震撼，也因寺庙的破败而心中不忍，便将这座寺庙改建成自己的家庙。自此之后，寺庙逐渐兴盛，寺庙中的猫也受到大家的尊敬。猫死后被葬在墓地中，关于猫的纪念品在寺庙和周围地区也十分畅销。[26]

还有一个类似的故事。日本东福寺著名的画僧吉山明兆（Cho Densu）在绘制巨大的《大涅槃图》（*Buddha into Nirvana*）期间，总有一只猫过来坐到他身边陪伴。有一天，画僧作画时，群青蓝用完了，他便转头对猫开玩笑说："要是你真的善解人意，不如就帮我找些青金石粉末来吧。真的能找到，我就把你也画进佛陀涅槃图里。"第二天，猫不仅为画僧找来了矿石粉末，还带他去了有大量青金石矿石的地方。作为回报，吉山明兆真的将猫入画。经过此事，猫的美名在日本全国广为传扬。在佛教传统中，据说猫在佛陀涅槃时一脸漠不关心的样子，所以人们通常认为猫对佛祖不够虔诚。正因如此，猫此举才尤为重要。[27]

招财猫通常都是花斑猫，通体白毛，有黑色和红棕色斑点。水手很喜欢这种猫，每次出海都会尽量带着一只。水手相信它们能提前预测暴风雨，还可以爬上桅杆，赶走随波漂流的溺亡大海之人的灵魂。

在泰国传统中，猫的形象更为积极正面。《论泰猫》（*Tamra Maeo Thai*）中列举了17种能带来好运的猫，如果善待这些猫，它们就能为主人带来好运。这一论著比简单的民间故事更具权威性：其中提到的规则颇受人重视，甚至由学者改为韵文，收藏在宫殿及寺庙中。现存的手稿可以追溯到19世纪，不过其中收录的民间传说则更为悠久。《论泰猫》有不同版本流传至今，都描述、刻画了17种吉祥猫——纯黑色的猫、12种毛色黑白相间的猫、“铜色”猫（实际上是纯棕色的猫，类似现在的缅甸猫）、纯灰色猫（即呵叻猫）、白猫、浅色毛带暗色斑点的猫（即暹罗猫）。喂养照顾这些猫能为一家人带来健康、财富、奴隶、仆从、权势、地位，还能免受坏人骚扰。长着白色耳朵的黑猫能让人学业有成。当然，这些动物必须受人善待。你不可轻视自己的猫，“不能打它，要爱护它；要喂它优质食物、米饭和鱼肉”。猫去世后，你一定要郑重地将它安葬，还要继续准备食物，以飨其灵魂。除了神奇的天赋，书中还将这些猫描述成友好的宠物，会用颇受优待的吉祥猫那种自信可爱的表情看着你。

此外，《论泰猫》还敦促读者不要喜爱或关心和书中描述不一致的猫，因为有几种不祥猫会让主人家财和地位尽

九斑猫（Kao Taem），《论泰猫》中的一种吉祥猫，摘自19世纪的手稿。值得一提的是，这种猫腿部标志性的特征是欧洲《穿靴子的猫》的灵感来源

月光宝石猫（Wichian Mat），《论泰猫》中的一种吉祥猫。它是泰国猫的一个品种，但被当作暹罗猫引入欧洲。欧洲的养猫人大幅改变了这种猫的头部和身体形态

无良猫（Thupphalaphat），《论泰猫》中的一种不祥猫。它叼着偷来的鱼，扬扬得意，毫无羞耻之心

恶魔猫（Pisat），《论泰猫》中的一种不祥猫。它正在吞食自己的幼崽

失。白化猫和虎斑猫就是其中两种，不过，有些猫之所以会带来厄运，主要是因为其多行不义：它们总是偷鱼；以自己的幼猫或其他死猫为食；潜伏在侧屋中，见人就跑，且品行恶劣。虎斑猫生性狂野，如老虎一般，就连斑纹都与老虎的斑纹相似。与之相较，吉祥猫一般都“行为得当，举止得体”。[28] 虽然书中警告人们远离不祥猫，但其本就是少数——白化猫是因为罕见的基因突变；虎斑猫在亚洲的数量也远远少于在西方国家的数量——因此，总的来说，《论泰猫》这一论著主要突出了猫的正面形象，鼓励人们善待猫。

在欧洲，即使是在最具溢美之词的关于猫的故事中，也从未说过猫有忠诚、奉献的品质。不过，在亚洲却流传着几个这样的故事。17 世纪时，日本有一名叫薄云 (Usugomo) 的艺伎，颇为美丽。她非常宠爱自己的猫小玉，每天晚上散步的时候都会带上这只猫。一人一猫的亲密关系引来了非常下流的传言，于是，薄云的主人便在盛怒之下砍下了小玉的头。不过，小玉对女主人的忠心和感激并未消散。女主人被毒蛇威胁时，小玉没有身体的头一下咬住蛇的喉咙，杀死了蛇。在传奇故事和画作中，猫面对和自己差不多大小的凶猛老鼠，不惜冒着生命危险将其杀死的场景时有出现。有座寺庙专门为猫修建了一座坟墓，因为猫发现了一只化身为乞丐的大老鼠在这里作祟，为了保护这片神圣的土地，猫献出了自己的生命。

从前，有一对穷困潦倒的老夫妻，他们养了一只黑猫，对其非常宠爱。为了报答老夫妻，这只黑猫化身名为佐渡（Okesa）的艺伎卖艺。黑猫非常成功，为老夫妻挣了很多钱，但也付出了巨大的代价。尽管猫不介意取悦客人，也确实舞艺超群，但它很不喜欢与客人共赴巫山。有一天，一名客人发现了佐渡变回原形吃东西的样子，不过，佐渡设法让客人承诺不说出去。后来客人实在没有忍住，透露了这一消息，一只大黑猫从云中突然现身，将他一下子抓走了。

在另一个故事中，一名渔民负责定期给江户的一个货币兑换商送鱼，他每次都会特意给客户的猫准备一些。有一次，渔民生病了，没法送鱼，可早上醒来时却发现蒲团上有两枚金币，这让他既迷惑又宽慰。病好之后，渔民又去给货币兑换商送鱼，却惊讶地发现这次等着他喂的猫不见了。后来，渔民得知货币兑换商发现猫偷金币，就把它杀了。渔民告诉货币兑换商，那只猫偷金币是为了报答自己的善意。听完，货币兑换商很是懊悔，便为这只感恩图报的猫建造了一座纪念碑。在一则著名的泰国故事中，也提到了类似被人误会的猫。一个女人回到家中，哪儿都找不到自己的孩子，只看见猫嘴边沾满了鲜血。她第一反应是猫吃掉了自己的孩子，便让丈夫杀了猫。当这个女人发现孩子安然无恙，旁边还有一条毒蛇的尸体时，她才恍然大悟，猫杀掉了蛇，自己的孩子才得以平安无事。可一切都太迟了。[29] 在印度，人们通常不把猫当作宠物，他们心中最英勇的动物是獴。在中世纪欧洲，狗的形象常被理想化，猫则相反，被误会的动物英雄是猎犬盖勒特（Gelert）。

家庭及沙龙中的爱宠

古埃及衰落后的几个世纪中，几乎没人将猫作为宠物或伙伴。第一位以书面形式表达自己与猫之间感情的是9世纪时的一位爱尔兰修道士，或许是因为他秉持勤俭的誓言，无法养活其他动物吧。这位修道士的猫名叫潘歌嘭(Pangur Ban，意为：美丽的白潘歌)。通过观察这只猫，修道士也觉得自己的研究不再那么枯燥，甚至还写了首诗来赞颂他们之间的亲密关系。潘歌嘭追逐老鼠，正如学者探寻真理：一人一猫都喜爱自己的工作，不在乎名利，也不知疲倦；潘歌嘭捉到老鼠后，会为自己的敏捷而备感兴奋，正如学者阐明一段晦涩的文本后，也会心满意足。两位伙伴默然相伴，甚为和谐，都非常擅长自己的工作。修道士完美地把握了人和猫相互独立却又相互陪伴的关系，也认识到了上帝所造众生之间的友谊——可在修道士所处的时代，正统教会的教义并不接受这一点。

法国诗人杜·贝莱（Joachim du Bellay）非常宠爱自己的猫贝洛（Belaud）。猫死后，他竟为它写了一篇长达 200 行的墓志铭（约 1558 年）。诗人早已知道，世人定会认为悼念一只猫简直荒唐可笑，于是写作时便使用了普通诗人赞美情人的方式，故意夸大自己的痛苦，细数猫的种种魅力，因此文风没那么严肃。无论如何，贝莱写作时种种充满爱意的回忆和细节，肯定是出于内心深处对猫真挚的感情。贝洛这只小小的“自然杰作”对贝莱的意义溢于言表，他称赞贝洛银灰色的皮毛、四脚朝天时露出的“大片白毛”、扑老鼠时的“轻盈优雅”。此外，诗人对贝洛“追着毛线团奔跑、滑行、跳跃”的姿态大为赞赏。猫将毛线团拽成一圈一圈之后，就会坐在线团中间，表情庄严，“展示它柔软蓬松的肚子”。蒙田非常喜欢动物，也对人类自诩的优越感深表怀疑。他以自己的猫为例，阐述了其他动物的存在并非只为了服务于人：“我和猫一起玩耍的时候，谁能说清楚是猫在哄我玩儿还是我在逗它呢？我们彼此一样，出尽洋相，哄对方开心。如果我有权选择是否陪它玩耍，那它何尝不是一样？”[1]

然而，这些爱猫之人寥寥无几。17 世纪末的法国，人们并不认为猫温婉优雅。那时的贵族圈里很流行养良种狗，但让猫与良种狗享有同等待遇，确实非常新奇。当时两篇经过改编的童话故事完美地展现了人们对猫态度的变化。佩罗笔下的穿靴子的猫拥有神奇的能力，但只是一个为农夫效劳的狡猾的骗子。奥诺伊夫人（Mme d'Aulnoy）的作品《白猫》（*White Cat*，1698 年）中，主人公不仅能力不俗，而且颇具魅力，引得一位英俊王子倾心不已。这只猫是个优雅的小贵族，拥有一家沙龙，谈吐风趣，让王子很是着迷。王子对她彬彬有礼，殷切热情，表明他独具慧眼，教养良好。跟她相处了一年后，王子“有时很遗憾自己不是一只猫，否则就能与她相伴终生了”。王子对她用情至深，根本没想离开她，反而请求她“变成真正的女人，或把我变作一只猫”。[2] 这时，邪恶的咒语终于得以破除，猫也恢复了自己本来的样子——一位公主，但猫改变的只是外貌，而非内心。在这则民间故事的原始版本中，猫扮演的角色是一名聪明的动物助手，而非一位女士。她帮助的年轻人是三兄弟中最受人轻视、最潦倒落魄的，而非英俊、勇敢、温文尔雅的王子。

宠猫之风逐渐盛行。著名的竖琴演奏家迪皮伊小姐（Mademoiselle Dupuy）曾夸奖自己的猫，说它在自己练琴时会专心致志地倾听，并指出其中的错误，帮助自己保持一个音乐家应有的水准。迪皮伊小姐将自己的全部财产都留给了两只猫，还在遗嘱中事无巨细地解释应该如何给它们喂食。安托瓦内特·德胡利埃（Antoinette Deshoulières）是法国路易十四时期一位著名的诗人。在给友人及友人的猫写信时，她会署自己猫的名字——格里赛特（Grisette）。18 世纪的英国美学家霍勒斯·沃波尔（Horace Walpole）向法国的朋友讲述了自己对猫（以及小型犬）的喜爱和尊重。他说，法国一名美丽的女士举办了一场晚宴，“我们之中只有一位朋友有四只脚。他形似安哥拉猫，但和女主人一样温柔、明慧、和善……他就是德尼维尔诺瓦公爵（Duc de Nivernois）的特殊朋友”。沃波尔曾帮玛丽·贝里（Mary Berry）照顾猫，他在写给玛丽的信中这样表达自己和猫的相处情况：“我和小猫相处甚欢，只是偶尔会因为抓咬的问题拌两句嘴，可在信里，我只能说这跟夫妻之间偶尔的口角争执一样有趣。”[3]

18 世纪，猫不仅是贵族的宠物，也走进了中产阶级的家庭。理查德·斯梯尔（Richard Steele）在《闲话报》（*The*

G. P. 杰科姆-霍德（G. P. Jacomb-Hood）为《白猫》所绘插图，1889年

Tatler，1709 年）中，借虚构的叙述者之口，表达了对“小狗小猫”在自己回家时热情迎接所带来的快乐的享受，小动物们都“用各自的语言说‘欢迎回来’”。法国诗人雅克·德利尔（Jacques Delille）坚持认为，自己的猫拉顿（Raton）证明了猫也可以表达爱。他说小猫为了分得主人的美味，会尽情展现迷人之姿，不是弯腰弓背摇尾巴，让主人抚摩它柔软的皮毛，就是顽皮地推开主人的手和笔，不让主人

红衣主教黎塞留（Cardinal Richelieu）肖像画。他是现代欧洲最早的爱猫者之一。T. 罗伯特·亨利（T. Robert Henry）作品

让-巴蒂斯特·佩罗诺（Jean-Baptiste Perronneau），《抱猫的女人》（*Woman with Cat*），1747年，布面油画。画中有两位贵族

继续创作以它为主题的诗作。1745年，古董商人威廉·斯蒂克利（William Stukeley）回忆自己的猫时赞美了它“向主人们表达自己爱意的方式非常独特”。他还回忆了自己叼着烟斗沉思时，猫陪伴在侧的快乐，说这只猫带给自己的“没有烦恼，只有快乐”，所以他根本不忍直视花园中小猫长眠的地方。克里斯托弗·斯马特（Christopher Smart）另有特别的理由珍爱自己的猫杰弗里（Geoffry）——斯马特被关在精神病院时，正是这只猫陪他度过那段时光。《欢愉在羔羊》（*Jubilate Agno*，约1760年）中，他用大量篇幅说明杰弗里是上帝的造物，而非出自魔鬼之手。他还赞颂了猫的灵巧机敏（“所有四足动物中，猫使用前爪时最爱干净”），还满怀爱意地列出了杰弗里常用的小诡计。[4]

塞缪尔·约翰逊（Samuel Johnson）很喜欢猫，养过很多只。詹姆斯·鲍斯韦尔（James Boswell）称，塞缪尔会亲自为爱猫霍奇（Hodge）购买食物，生怕仆人不愿承担此项工作，买回来猫不喜欢吃的东西。鲍斯韦尔描述道：

> 霍奇会爬到约翰逊博士的胸前，一副心满意足的样子。我的朋友则会微笑，轻声吹口哨，抚摩它的后

背，轻轻拨弄它的尾巴。我称赞这只猫很乖，塞缪尔说："是啊，先生，但我之前有几只比这只更乖的猫。"说完，他好像发现霍奇不太高兴的样子，马上又加了一句："但这只也不错，确实很乖。"[5]

对霍奇感受的在意不仅表现了约翰逊的善良，也说明他已经感受到，猫和人一样也有感情，应予以尊重。

鲍斯韦尔承认，自己不太喜欢猫，如果房间里有猫，就会觉得坐立不安，所以看到约翰逊与霍奇亲密无间，对他来说实属折磨。多年之前，另一位爱猫者卢梭曾尖酸地将鲍斯韦尔对猫的不喜爱归结于"专制本性"。跋扈恣睢的人"肯定不喜欢猫，因为猫热爱自由，绝不会甘心成为奴隶。猫不会像其他动物一样低眉顺目，听命于人"。[6]

作为宠物的猫与宠物狗之间有了直接的竞争，因此激怒了一些爱狗人士，对猫的形象产生了不利影响。布丰嘲笑那些"养猫以自娱的人非常愚蠢"，还在其巨著《自然史》（*Natural History*）中，不惜笔墨对狗大加赞扬，对猫则无尽贬斥。狗"拥有一切能赢得人尊重的内在卓越品质"：狗心中所想只有如何取悦主人，它们渴望得到主人的命令，隐忍地接受不公正的待遇，且不计前嫌，甚至会努力迎合主人的品位和习惯。如果将以上这些作为动物的美德，那可以说猫身上的缺点昭然若揭。猫是“极不忠诚的家养动物”，人们养猫只是因为老鼠更惹人讨厌而已。哪怕是表面上最惹人怜爱的小猫也带有“邪恶的天性，性情乖张不驯，长大之后也不会有分毫改变。猫得到教训之后，不是变得更温顺，反而会变得更擅长隐藏真实目的。面对朽木难雕的强盗，最高尚的教育也只能将其转化为鬼鬼祟祟的小偷”。猫所擅长的都是隐匿形迹，抓住时机，逃避惩罚。“它们表现出的喜爱和友好都只是表面现象”，其奸诈的本性“早已通过寡廉鲜耻的行为和阳奉阴违的眼神暴露无遗。出于不信任也好，出于虚伪也罢，即使是最体贴入微的主人，也得不到猫的正视。猫每每凑到主人身旁，都是为了求得爱抚”。猫以自我为中心，让它们表达感情是有条件的。猫并不会“光明正大地”捕捉猎物，而是会狡诈地“等待，攻其不备。捕捉到猎物之后，猫会玩弄、折磨猎物很长时间，最后哪怕已经吃饱了，还是会杀死猎物。它们的这种行为，只是单纯地要满足自己的残暴”。“就算是最温顺的小猫也不懂得屈从为何物……因为猫这种动物本身就只为取悦自己。”猫背离家养动物美德的一切行为让布丰怒不可遏：它们不服从主人的意愿，不愿舍掉自己的内心世界，不愿放弃捕猎取乐这一人类的特权。布丰的偏见使得自己偏离了客观事实：他谴责猫拒绝直视人类时，已经忘记了这种动物本来也不常直视其他事物。[7]

《家猫》（*Le Chat domestique*），选自布丰的《自然史》，1749—1767年

16 世纪时，布丰的态度确实不足为奇。但到了 19 世纪，这种态度就可谓偏执极端，不可理喻了。这三个世纪中，猫逐渐为人所接受，成为人们眼里可爱迷人的小动物，通常和狗一起作为人类最亲密的动物伙伴出现。马修·阿诺德（Matthew Arnold）曾有一篇《可怜的马蒂亚斯》（*Poor Matthias*），是为女儿的金丝雀所作的挽歌。这篇作品深刻思考了我们与宠物之间的关系，但把鸟儿和小猫小狗做了区分：小猫小狗的能力“更贴近人类”“与我们生活的交织更为紧密”。在给母亲的一封信中，阿诺德描述了自己的猫阿托莎（Atossa）“在我身旁懒洋洋地伸展四肢，让阳光洒在她肚皮处细密的棕色长毛上。她的样子真是美极了”。查尔斯·达德利·华纳（Charles Dudley Warner）曾为自己的猫写过一篇讣告《卡尔文性格探究》（*Calvin, A Study of Character*，1880 年），对小猫无声的陪伴表达了无限感激。“我们离家近两年终于回来时，”华纳回忆道，“卡尔文很高兴地过来迎接，但并没有（像狗一样）热情过度，而是带着宁静的气息，幸福而满足。他拥有让我期盼归家的力量。”尽管卡尔文喜欢有人陪伴，但他并不喜欢强求而来的亲密感：“他想被人抚摩的时候……自然就会过来。一般，他会先蹲坐着看我一会儿，接着好像是感受到了某种微妙的情感，便会走过来轻轻拽一拽我的外套和袖子，最后，他会用鼻子贴一贴我的脸，然后如愿以偿地走开。”卡尔文也有朋友，比如，斯托夫人（Harriet Beecher Stowe）的猫朱诺（Juno），还有马克·吐温养的几只猫。托马斯·哈代的悼诗《给沉默的朋友最后的赠言》（*Last Words to a Dumb Friend*，1904年）真切地表达了死去的小猫之于那个为它深切哀悼的家庭的重要性。“羞怯的你已远去”，只剩下作者一人“独自孤独”：

> 这个家中，到处都是
> 他留下的印记，
> 随着他撒手离去
> 越发清晰。[8]

哈代的用词很小心，尽量避免夸大其词，但我们仍能从字里行间中感受到，他对这只曾给家里带来无限欢欣的安静低调的小动物的深情。

19世纪的法国著名作家中，绝大多数都非常喜欢猫。历史学家伊波利特·丹纳（Hippolyte Taine）自称是三只猫的“朋友、主人和仆人”，单1883年就为它们写了12首十四行诗。斯特芳·马拉美（Stéphane Mallarmé）对自己的

nor any summer place so ecstatically green & lovely. The view of the Lecco mountains from my windows is enough to make a blacking=brush squeak with delight; & downstairs there is a garden with the loveliest flowers

all green

I am thankful to say my health continues much better than it was, though I am now too infirm to walk.

Yours sincerely,

Edward Lear.

Edward Lear.
aet 73.½

His cat Foss,
aet 16.

爱德华·利尔（Edward Lear）在1876年的一封信中，描述了自己与小猫福斯（Foss）共度的美好假期

马克·吐温和他的小猫，1907年。他很喜欢猫，认为猫在道德上比人类更高尚

猫内日（Neige）很是宠爱，说猫“在我写作时会跑到桌子上走来走去，用尾巴蹭花我的诗句”。即便在当时那种爱猫的时代和国家，泰奥菲尔·戈蒂耶对猫的喜爱程度也可谓到了极致。他最喜欢的几只猫中，有一只被称为泰奥菲尔夫人（Madame Théophile），因为“他们之间有如夫妻般亲密的关系”：不论泰奥菲尔去哪儿，猫都会跟在他身后；泰奥菲尔吃饭的时候，猫也“会用自己的方式，从我的盘子中抓取一点儿食物，送到我嘴边”。泰奥菲尔还回忆了这只猫第一次见到鹦鹉时令人捧腹的场景：开始，泰奥菲尔夫人以为鹦鹉是只绿色的鸡，便想偷袭它，可这时，鹦鹉突然开口说话，打乱了猫的阵脚，吓得它仓皇逃到了床底下。戈蒂耶曾说过，“要想赢得猫的心可绝非易事”，但“如果你能证明自己值得交往”，那它们也会像狗一样，成为你忠诚的伴侣，向你表达自己的感情。[9]

爱猫之人会饱含感情地认真观察猫，所以才能够清晰地表达出猫内心所想。皮埃尔·洛蒂（Pierre Loti）曾描述过两只公猫在屋顶上相遇的场景，用词准确而生动。“黄白色的猫卧在屋顶边缘”，但他没在睡觉，而是在放空，任思绪飘飞。“突然，附近山墙的角落里，一对竖起的耳朵从烟囱后面露出来。接着，一双警觉的眼睛露了出来。最后，整个脑袋都露出来了：又是一只猫！”刚过来的这只黑猫：

看到了前面那只猫，马上停下脚步，想了一会儿。接着，他走走停停，试探性地往前凑，抬起裹着天鹅绒的小爪子，小步向前，越来越谨慎。可那只正在遐想的大黄猫还是察觉到了黑猫的存在，突然转过头来：他耳朵下垂，嘴角微微上扬，柔软毛皮下的爪子也悄然做好了准备。

泰奥菲尔·戈蒂耶的漫画像，纳达尔（Nadar）作品，1858年。论及对猫的喜爱，当时众多法国作家难出其右

E. T. A. 霍夫曼（E. T. A. Hoffman）所作《猫默尔及其生活观》（*Murr the Cat and His Views on Life*）一书中的插图，1819—1821年。霍夫曼写这部自传时，借用了自己心爱的公猫默尔的口吻

不过，“这两只猫显然之前见过，相互已有一些尊重”，所以并没有发生冲突。

> 黑猫继续凑近，还是和之前一样，侧身向前，动作灵巧，走走停停。走到离大黄猫还有几英尺远的地方，黑猫蹲坐下来，抬头望向天空，好像在说：“我没什么恶意，也只是想看看风景而已……”于是，大黄猫也移开目光，看向远处，仿佛已经明白了黑猫的意思，放下了所有的戒备和警惕。见此，黑猫也放松了自己……
>
> 交换了几次眼神后，两只猫都半眯着眼，仿佛露出了表示友好的笑容。最后，他们好像已经获得了彼此的信任，达成了约定，便不再理会对方，很快沉浸在悠然自得、闲适逍遥的美好状态里了。[10]

洛蒂认为，猫之间会达成约定是理所当然的。然而，若此事发生在两个世纪前，受过教育的人肯定会认为这一结论很不虔诚，而且荒诞不经，还会说这种想法的苍白无力恰好证明了猫身上没有值得人类特别关注的感情。

维多利亚时代的小说反映了猫受人重视，可与人为伴的普遍态度。早期的小说中，很少出现宠物的身影，也从没有哪本书以宠物为主题。然而，到了 19 世纪，猫和狗都作为真实家庭生活的一部分出现在作品中。不过，与回忆录中出现的真猫相比，小说对猫性格的刻画并没有非常详细、丰富。无论是通过与猫的类比来强化人物性格，还是通过人物对猫的反应来透露性格，猫只起到了辅助性作用。在爱德华·鲍沃尔-李敦（Edward Bulwer-Lytton）所作《尤金·阿拉姆》（*Eugene Aram*，1832 年）中，作者通过退役下士雅各·邦廷（Jacob Bunting）的猫雅各比纳（Jacobina）巧妙地强化了主人公的性格特点：一人一猫都以自我为中心，为达目的不择手段，贪图安逸，且擅长操控他人。二者之间相互依恋的感情是真实的，但也反映出他们的社会地位不高，道德境界低下。玛丽·奥古斯塔·沃德（Mary Augusta Ward）所作《罗伯特·埃尔斯米尔》（*Robert Elsmere*，1888 年）中，美丽的波斯猫查蒂（Chattie）是上流社会的莱伯恩姐妹（Leyburn sisters）的宠物。这本小说要传达的本是艰苦奋斗的精神，可猫在小说中却一副懒散安逸的样子。这种亲近人类、贪图安逸的小动物体现的就是缺乏上进心的人物的性格局限性，这只猫在小说中常常和家庭中最不受人尊敬的成员一起出现。

约翰·坦尼尔（John Tenniel）为《爱丽丝梦游仙境》（*Alice in Wonderland*）所作插图，1865年。爱丽丝正向柴郡猫探听消息。这只猫体现了猫科动物典型的超然态度

安妮·勃朗特（Anne Brontë）和夏洛蒂·勃朗特（Charlotte Brontë）喜爱各种各样的动物，对受到虐待的动物尤其有恻隐之心。她们将猫引入小说以区别两种人：一种是心思敏感的人，他们不在意猫的传统地位，重视动物的感情；另一种是头脑愚钝的人，他们轻贱动物，只把猫当作女人和农夫的朋友。安妮所作《艾格妮丝·格雷》（*Agnes Grey*,

1847年）中，女主人公总是忧心忡忡，因为村子里的猫境遇危险，不是因偷猎被地主的猎场看守人杀掉，就是被地主儿子的狗追逐撕咬——地主的儿子认为，让自己的狗攻击穷人的猫很有趣。受人尊重的教区助理牧师威斯顿先生从猎场看守人手中救下了老妇人南希·布朗（Nancy Brown）的猫，还直言这只猫对南希意义重大，甚至超过猎场上所有兔子对地主的意义。威斯顿丝毫不介意让猫卧在自己的腿上，而古板的教区牧师对猫的感受就像他对可怜的教区居民一样漠不关心，他会一脚把猫踹到一边。夏洛蒂·勃朗特所作《谢利》(*Shirley*,1849年)中的男主人公罗伯特·摩尔（Robert Moore）很重视猫和狗的感受，恰好显示出他的高贵。粗鲁的教区牧师马龙（Malone）为了表现自己的男子气概，使劲扭住老黑猫的耳朵，而摩尔则不会打扰这只猫，只会低声鼓励它按照自己的心意行事。

就连《荒凉山庄》中奇怪的简夫人也是惹人喜爱的宠物。库鲁克跟自己的猫说话或者让猫坐在自己肩上带它四处走的情景，让我们看到的是一位老人与唯一的朋友之间的亲密关系。只有这时，库鲁克才表现得和正常人一样。在小说中，先前几个世纪里对虐猫行为麻木不仁，甚至以此为乐的现象得到了严肃对待。在爱伦·坡的《黑猫》中，主人公杀猫行径的恶劣与杀妻不相上下。在《黛莱丝·拉甘》中，洛朗将猫当作假想中的谴责者，当他终于克服恐惧，将猫扔出窗外时，这个结果让人心碎。弗郎索瓦被吓呆了的主人拉甘夫人虽然预见到即将发生的一切，但却无力阻止。而那只猫因为被扔出去伤到了后背，整夜拖着受伤的身体哀号呻吟。比起对黛莱丝丈夫卡米拉的谋杀，对弗郎索瓦的谋害更能激发我们的愤怒，我们已将洛朗对猫的恶行当作对人的恶行来处理。

猫成为人类的爱宠之后，宠爱它们的主人就会用猫温柔友善的一面掩盖其狡猾好猎的一面。遗憾的是，从过去对猫的贬低和侮辱走向这一极端也会让人过于感情用事，带来其他错误。约于 1830 年出现了一首自作多情的教育性儿歌叫作《我喜欢小猫》(*I Love Little Pussy*)："我抚摩漂亮的小猫，她就咕噜咕噜叫；我对她表示友善，她对我表达谢意。"19 世纪末期，一些不知名的爱猫人士自认为身负使命，有必要在现行《圣经·新约》中补充一些对动物表示善意的章节，便编造了据称久已失传的福音书，即《十二使徒福音书》(*The Gospel of the Holy Twelve*)。作者在书中非常重视猫，因为猫常常为人所害，且《圣经》中根本没有提及耶稣从游手好闲的人那里解救了正饱受折磨的猫，还为饥饿的流浪猫找到了新家，等等。作者还在一条编者注中特别强调，比起狗，耶稣显然偏爱猫，不仅是因为狗已经“在人的教化下学会了捕猎和撕咬”，也因为“虽然猫是所有动物中最惹人喜爱、最温柔、最优雅的，但经常为人忽视，遭人非议”。[11]

人们对猫的喜爱与日俱增，以及感情用事地淡化了它们超然的态度和凶残的本能，猫成为维多利亚时代理想家庭的典范。虽然从经济角度看，由于现代杀虫剂和建筑标准尚未出现，作为捕鼠能手的猫仍保有重要地位，但大部分作家更愿意将猫视为家中的小可爱，而非除害能手。猫逐渐成了家庭美德的体现——当时，家庭的完美与和谐被空前理想化，猫的存在风靡一时。通俗画家们为了强调家庭观念，通常会将猫引入积极健康的家庭场景中。宗教手册《幸福之家》（*The Happy Home*）中有一幅插图：中产阶级家庭中，父亲正在给妻子和四个孩子诵读祷告书。画面前景有一只蹲坐着的猫，显然也聚精会神地听着。文艺复兴时期的宗教画中，猫一般出现在中间的位置，但现在，画面中的猫已经能和其他家庭成员一起参与各种宗教活动了。同一时期，一幅中国画《天伦之乐》（*Joy in the Home*）也描绘了类似场景：

弗雷德里克·理查德森（Frederick Richardson）为《鹅妈妈》（*Mother Goose*）所绘插图《炉边小猫》（*Pussy-Cat Sits by the Fire*），1915年

一只19世纪的美国家猫蹲坐在人类世界和森林的交界处。R. P. 斯罗尔（R. P. Thrall），《郊外的明妮》（*Minnie from the Outskirts of the Village*），1876年，布面油画

吉约·弗雷耶（Guillot Frères）牛奶的广告，平版印刷，泰奥菲勒–亚历山大·斯泰因勒（Théophile-Alexandre Steinlen）作品，1895年

《我们的珍妮》（*Our Jennie*），珍妮·耶曼斯（Jennie Yeamans）作品，平版印刷海报，1887年

田园风格的家庭场景中，母亲躺在躺椅上，五个孩子围在她身旁，一脸幸福，神情专注。画面右前方的凳子上坐着一只花斑猫，心满意足地看着和和美美的一家人。

古埃及的雕塑家、中世纪的石雕家以及17世纪时的画家都曾赞美母猫对小猫的关爱以及精心教育。到了维多利亚时代，赞颂的重点由猫妈妈保护小猫的勇气以及教育小猫获得生存技能时尽职尽责的态度，转向更符合那个时代母亲的特点。一幅题为《三只小白猫的第一只老鼠》[*Three Little White Kitties* (*Their First Mouse*)] 的印刷品在表现猫妈妈教小猫捉老鼠这一严肃话题时，弱化了其中古板威严的感觉，反而凸显了可爱轻松的样子。小猫们圆溜溜的大眼睛，盖过了小嘴与细牙，以至于包括猫妈妈在内的所有猫都没有捕食者的凶狠模样。几只顽皮的小猫，再加上一位慈爱的猫妈妈，成了画家笔下常见的主题。小猫们通常都是“大错不犯，小错不断”，不像17世纪时静物画中描绘的那样，当时画作中的它们不会打碎东西，也不会偷取食物，只会小心好奇地围着桌边转，观察桌子上摆放整齐的物品，不会破坏任何东西。猫安静的举止、灵巧的动作与狗的喧哗吵闹形成了鲜明的对比，成了做事井井有条且爱护财物的榜样。猫妈妈也成了家庭主妇的榜样，不仅教育自己的孩子随时保持干净整洁的样子，还要做到在家中行为得当，保管好自己的衣物等。伊丽莎·李·弗伦（Eliza Lee Follen）所作《三只小猫》（*The Three Little Kittens*，1843年）中，猫妈妈因为小猫乱扔自己的手套而不让它们吃馅饼，等小猫们收好手套洗干净之后，才表扬了它们。

猫与优雅家庭之间的关系越来越紧密，于是很多艺术家就开始借助猫来抨击资本主义家庭生活，佐证自己的观点。1918年，俄国绘画作品《喝茶的俄国商人之妻》（*The*

小猫的形象带有19世纪典型的感情化倾向。《玩毛线的小猫》（*Kittens Playing with Thread*），彩色石版画，约1898年

乔治·克鲁克香克（George Cruikshank）所绘漫画，表现了小猫大闹厨房的场景。在19世纪的英国，猫作为端庄的家庭爱宠的形象还未被广泛接受

Russian Merchant's Wife's Tea）描绘了一名过度肥胖、得意自满的资产阶级女性和同样肚大腰圆、怡然自得的猫。在《最蓝的眼睛》（*The Bluest Eye*）中，托尼·莫里森（Toni Morrison）猛烈抨击了猫，因为盲目按照白人资产阶级标准改造自己的黑人女性，也附庸风雅地将猫作为最爱。要是这些女性不喝酒、骂人、耽于风流，能培养勤俭节约的习惯，控制自己的情绪，举止端庄优雅，将家里打扫得一尘不染，并能对事物常怀慈爱之心，那么她们倘若还能对什么产生感情的话，就只能是猫了。猫"喜爱她有条理的生活，做事精准，意志坚定……像她一样整洁安静"，还会表现出平淡适中的感情，以及于她而言，比人类之爱更让人舒畅的性快乐。[12]

19 世纪中期，画家逐渐热衷于画猫（此前几十年，画家们更喜欢画狗和马）。他们会突出猫的美丽、可爱和天真活泼，通常还会通过拟人的手法引起人的共鸣，增添画作的吸引力。路易斯·韦恩（Louis Wain）是 19 世纪末颇受欢迎的痴迷于画猫的艺术家，他笔下的猫实际上就是可爱而无伤大雅的小号人类。韦恩的作品广为流传，明信片、育儿照片和童书插图中都多有出现。画家借助了猫的力量，但同时也让猫更受大众欢迎。整整 25 年，韦恩致力于描绘可能出现在各种人类活动中的猫，只要是反映中产阶级生活，且积极向上的便可以。遗憾的是，韦恩关于猫的画作之所以风靡一时，部分原因在于他极度弱化了真猫身上令人不安的特征。所有的猫都是一种形象：小猫体态丰满，虎头虎脑，眼睛溜圆，活泼伶俐，调皮淘气，根本没有爪子和尖牙出现。有些明信片上的猫被刻画成争执的夫妇（约 1908 年），但无论是从人的角度，还是从猫科动物的角度，都看不出令人信服的愤怒感。韦恩所画的猫也有机警、专注的神态，但不是为了捕捉猎物，而是为了赢取小孩子的玩具——集体活动会让它们特别开心。

《淘气的小猫》（*The Naughty Puss*），路易斯·韦恩的拟人化画作，画中的猫都如可爱而无伤大雅的小号人类，在当时风行一时

尽管韦恩对猫的描绘不太真实，有所保留，但他的爱猫之心千真万确。此外，韦恩还认为自己对猫的理解刻画实际上提高了猫的地位——“我们英国的猫”，画家如是说，经过育种培养，已经“不再是游荡在屋顶砖瓦和烟囱中那种毫无定性的生物了”，身体不再是瘦长的，鼻子也不会过分突出，而是变成了表情天真的大脸猫，“性情温和”。[13]

现在，对猫充满感情的刻画仍对人们极具吸引力——从日历到 T 恤衫，猫的形象随处可见。到 20 世纪 80 年代，美国贺卡上的猫不是甜美可爱的，就是聪明伶俐的。大部分猫都是小猫，跟真实的猫比起来，贺卡上的猫眼睛更大，皮毛更蓬松。这些猫要么是专心看着女主人，要么就是看着欣赏画作的人，似乎对外界没有太大兴趣。乔治·塞尔登（George Selden）极为著名的作品《时代广场上的蟋蟀》（*The Cricket in Times Square*, 1960 年）中，小猫亨利（Harry）的举止非常得体，就像落落大方的小男孩。他和朋友蟋蟀柴斯特（Chester）以及老鼠塔克（Tucker）野餐时，吃下的不是这两位朋友，而是塔克四处搜集来的美食。在埃丝特·艾弗里尔（Esther Averill）的《酒店之猫》（*The Hotel Cat*, 1969 年）中，一只饥饿的小猫来到酒店，向锅炉房工人弗雷德先生（Mr. Fred）要了一些食物后，提出要用自己

《在罗格的照相馆》(*In the Rogue's Gallery*),约1898年。这张照片与韦恩使用拟人化手法绘制的作品有异曲同工之处

的劳动作为回报。最后,他承担了酒店迎宾的职责,还非常担心自己是否能做好。

成人图书的作者也会因对猫的喜爱而感情用事,在作品中对猫的刻画比真实世界中的猫更温柔、更敏感。保罗·加利科(Paul Gallico)称,自己知道很多乐善好施的猫,都很愿意和街上的流浪猫分享自己的食物。温弗雷德·卡里埃(Winifred Carrière)也说,写作过程不太顺利时,自己的猫就会伸出小爪子拍拍自己,还会蹭自己的脚踝,以示安慰。西尔维娅·汤森德·沃纳(Sylvia Townsend Warner)所作《最舒适的床》(*The Best Bed*)中,一只流浪猫用稻草为自己铺了一张床。故事暗示说,猫使用柔软的稻草不是因为被其咯吱作响的声音所吸引，而是因为有一颗虔诚的心。1988年，苏珊·德沃尔·威廉姆斯（Susan DeVore Williams）编写了一本有关人们通过猫强化基督教信仰的故事大全集。保罗·科里（Paul Corey）在《猫会思考吗？一个猫观察者的笔记》（*Do Cats Think? Notes of a Cat-Watcher*，1977年）中向读者证明了猫能理解人类的对话：复活节早上，他的猫带回了一只毫发无伤的兔子。这是因为复活节前一天下午，他给女儿讲复活节兔子时，猫也听到了。[14]

在维多利亚时代的法国，作家们并不会刻意弱化猫的野性。戈蒂埃和波德莱尔等著名作家，反而会称赞猫夜行的习性，称赞它们夜晚在城市屋顶上游荡，蔑视人间的法律规则。在格朗维尔19世纪40年代拟人化的动物画作中，都通过猫反映了波西米亚知识分子的世界观，即对社会习俗的轻视。他笔下的猫穿着人类的服装，也会摆出人类的姿势，但保留了真猫的身体细节，脸上带着猫科动物那种令人信服的表情，或天真无辜，或假装虔诚，或骄傲自大，或热衷于情爱。他给巴尔扎克所作《一只英国猫的痛苦》（*Heartaches of an English Cat*）配过一幅插图：女主人公是一只天真的处女猫，它两边分别是一只天使猫和一只恶魔猫。天使猫带着猫科动物标志性的恬淡微笑，恶魔猫眼睛很大，带着戏谑凶恶的笑。中间年轻的处女猫用来讽刺英国的自负与虚伪。在另一幅插图中，穿着时髦但举止粗俗的猫正在向屋顶上端庄优雅的母猫求欢。然而在法国，人们也把猫作为家养宠物。拉甘夫人是一名非常传统的资产阶级妇女，她很喜欢自己的猫弗朗索瓦。此外，爱猫人士为了证明猫作为宠物的价值，通常会赋予猫一些狗的特征。

求欢的猫。格朗维尔为巴尔扎克所作《一只英国猫的痛苦》所绘插图，1842年

公猫争相讨好母猫。格朗维尔为巴尔扎克所作《一只英国猫的痛苦》所绘插图，1842年

19 世纪 60 年代中期，巴黎的动物保护协会会刊上就已出现描述猫科动物忠诚度的文章。其中一篇甚至称，有只猫差点因为主人自杀而随之而去。[15]

日本人通常只是将猫看作友好的宠物，既不至于怪异邪恶，也没有特别热情温良。歌川国芳运用拟人的手法绘制过很多以猫为主题的画作，以猫科动物的形象真实再现了日本人的日常生活场景。在其《高雅的娱乐》（*Elegant Entertainment*，约 1840 年）中，一只打扮成商人模样的公猫正在享受三只艺伎猫的服务：一只正在盛米饭，一只正在展示优雅迷人的舞姿，还有一只正颐指气使地对着猫女仆发号施令。尽管从表面上看，这三只艺伎猫都在努力让商人猫更愉悦舒适，但脸上狡黠的表情和耷拉着的耳朵则表明娱乐自己才是她们真正在意的。歌川国芳和其他浮世绘画家的画作会以滑稽的方式模仿精致优雅的社会生活，或体现艺伎及歌舞伎等上流社会边缘人群的生活，因此具有一定温和的破坏性。由于猫在漠视人类的法律及礼节方面臭名昭著，借用它们的形象讽刺资本主义习俗简直再合适不过了。

19 世纪时，用于衡量狗优秀与否的标准逐渐成形。随着猫的地位的上升，为其制定相应的标准似乎也无可厚非：

这幅歌川国芳的木版画绘于约1840年。得意的公猫商人以及端庄、迷人、狡黠的艺伎猫反映了人类和猫科动物的特点

即仿照新近成立的犬类俱乐部及刚出现的犬类选秀，组织猫的培养及育种，并通过猫类选秀来确认（泰国有计划的猫类育种历史更长。《泰猫论》一书就呼吁人们选择性育种，养育吉祥猫，灭绝厄运猫）。虽然欧美国家的猫主人对猫一视同仁，但也认为有必要对这一种群进行规范。毕竟当时的猫在毛色和体形方面都有较大差异，且由于随意繁育，小猫的外表很难预测。人们想要血统高贵纯正的猫（有时可以弥补人类自己血统家世方面的缺憾），通过强调猫血统的古老提升自身形象。比如，英国短毛猫的祖先据说“可以追溯至罗马时代的家猫”，因为英国的猫都是罗马人引入的，可这并未能让英国短毛猫跻身贵族猫之列。

1871 年，哈里森·韦尔（Harrison Weir）在伦敦的水晶宫（Crystal Palace）举办了首次猫类展览。1895 年，美国的第一次正式猫展在纽约的麦迪逊广场花园（Madison Square Garden）举办。有组织的猫展创造了对纯种猫的需求，因为纯种猫可以培育与其一模一样的纯种小猫。于是，注册系统也成为必需，因为纯种猫的界定需要考察其父辈、祖父辈甚至曾祖父辈是否为纯种猫。英国陆续出现了很多猫类俱乐部，每个都有自己的注册系统。1910 年，这些俱乐部达成协议，由英国猫迷管理委员会（Governing Council of the Cat Fancy）

统一管理。该委员会负责猫的注册、猫类选秀的批准、纯种猫养育状况的监控，以及确保人们对协会章程的遵守。美国猫迷协会（The American Cat Fanciers' Association）成立于1906年，并于同年批准了两次猫类选秀。1909年，该协会出版了首本《良种猫登记册》(*Stud Book and Register*)。现在，很多国家都有自己的猫迷协会，每年世界范围内约组织400场猫类选秀，且均有经严格培训的鉴定人出席。

猫类选秀的组织者们举办此类活动并非只是出于势利之心：他们可以借此机会提高猫的地位，从而改善猫所受的待遇。韦尔在《我们的猫及其一切》（*Our Cats and All about Them*）中表达了自己的期望，即随着猫类选秀的流行，猫这种“通常被人轻视的动物”能得到应有的“关注和优待”。另一位猫迷协会的早期推动者戈登·斯特布尔斯（Gordon Stables）认为，只要能得到善待，那么瘦小羸弱、鬼鬼祟祟的猫也会长成“健硕、诚实、丰满的猫，它们皮毛发亮，眼含爱意，一边叫一边愉快地奔向你，还会跳上你的肩头，享受被你第一次抚摩的快乐”。此外，斯特布尔斯还表示，希望英国各地的猫很快都能如此。[16] 英国猫迷管理委员会宣称，“无论是否为纯种猫，该协会都十分关注猫的境遇”，支持对猫科动物疾病的研究。

20世纪20年代，埃德娜·B. 道蒂（Edna B. Doughty）和露易丝·格罗根（Louise Grogan）带着波斯猫参加在华盛顿特区举办的猫类选秀。波斯猫自此被培育成了脸比较扁平的品种

然而，人们确实会有所质疑，定义猫“确切的毛色和体态”究竟目的何在，以此作为不同品种的判定标准，并严格训练鉴定人根据人为制定的标准评估每只猫又有何意义。此外，由于品种的定义不断精确，不同品种之间的差异也会被过分强调，这一点无可避免。猫迷管理委员会曾骄傲地指出：一百年前，波斯猫和暹罗猫的头部形状和体态几乎没有区别，但现在，两种猫的差别已非常明显。

韦尔组织猫类选秀活动时，必须先制定品种差异体系。对于一些外来品种的猫，这一体系必然具有排斥性。16 世纪，安哥拉猫经由土耳其传入欧洲；19 世纪，波斯猫和暹罗猫传入欧洲；随后是俄罗斯蓝猫和阿比西尼亚猫。暹罗猫参加了第一场猫类选秀，但在当时，这种猫并没有立刻讨得人们的欢心：一名记者甚至称，暹罗猫“是畸形猫，如噩梦一般”。不过，英国本土的猫并没有像狗那样经过系统性育种，因为猫天生已经非常擅长人们交给它们的任务——捕捉啮齿类动物。因此，关于不同品种的猫，其差异只会体现在毛色上。

为了深入区分不同品种，斯特布尔斯在其猫类手册中将猫的性格特点与其毛色相联系。尽管猫的毛色及其个性之间可能存在某种基因方面的联系，但斯特布尔斯对不同品种的猫的描述太过详细和肯定，远远超出了事实允许的范围。此外，这些描述反映了维多利亚时代人们对道德价值和阶级的关注，以及将优良品质赋予每一品种的决心——我们在美国犬类手册中也可以看到这一点。例如，“黑白相间的雄猫是英俊的大型猫，具有绅士品格，绝不会自降身份做出卑鄙之举，也很少会捕捉可怜的老鼠。此外，它的猫夫人也肯定非常完美”。棕色的虎斑猫则是工人阶级的可靠伙伴：它们“是真正的英国猫，如接受过良好训练，就会拥有一只猫最高贵的特点，近乎完美。它们温顺、厚道、忠诚、喜爱孩子，母猫都是细心的猫妈妈，公猫都是勇敢的猫爸爸，很少恃强凌弱”。尽管斯特布尔斯为了猫类选秀的成功，确实明确提出虎斑猫的耳朵——特别是虎斑猫公猫的耳朵——必须足够短，斑纹间隔也须均匀，但猫已非常幸运：与狗相较，人们并没有过分在意其外表。例如，美国猫迷协会就未对短毛家猫的毛色有明确要求。

外国品种到达美国并和美国本土的猫接触杂交后，敏感且时尚的猫主人便开始对猫进行系统性育种，以求固定并完善本土猫的体态和毛色。和英国猫迷一样，美国猫迷也将猫科动物的美进行了分类，并制定了一套评分系统。虽然他们在制定猫的身材比例及花纹图案方面的标准时比较武断，但所幸并没有过多涉及猫的外表。实际上，美国猫迷协会承认，血统纯正的短毛家猫与一只漂亮的杂交猫相比，唯一的区别就在于前者产育与自己相似的小猫的可能性更大。最近，短毛家猫正式更名为“美国短毛猫”，以“更好地体现其‘美国化’特征”。英国短毛猫与其类似，只是体重更重而已。

然而，正如很多狗的品种因过度育种而退化，猫也饱受其害。为了增加作为新奇品种或作为地位象征的价值，猫天生柔软的皮毛、完美实用的体形、健壮的身体都可能被牺牲掉。有些品种的猫身体过长，例如暹罗猫；有些则过度圆润或扁平，例如波斯猫。最初从暹罗引入的猫毛色较浅，有标志性黑色斑点，但头部和肌肉发达的身体与正常猫科动物无异。但西方人认为，这种猫应有瘦长优雅的身形，便将其培育成鼻子较长，且身形瘦长到非常虚弱的程度。暹罗猫组总冠军明侯家族的舞鞋（Dancing Slipper）是最近美国暹罗猫的最佳品种。它的身体十分虚弱，不成比例的长腿、长尾巴和长脖子，且耳朵很大。波斯猫组的总冠军是阿尔忒弥斯星尘记忆（Artemis Stardust Memory）。这只猫就像一团白色绒毛，面部极为扁平，唯一明显的特征就是两只大大的圆眼睛。从它身上根本看不出猫科动物

有的非纯种猫也很漂亮

超级总冠军萨罗克（Saroko）家族的贝尔斯·斯塔尔（Belles Starr）。这只获奖的暹罗猫展示了该品种纤长、优雅、端庄的姿态

总冠军普林洛特（Purrinlot）家族的九之七（Seven of Nine），荣获杰出贡献奖。这只猫展现了其华丽的皮毛和贵族的气质

应有的警觉性和灵活性。波斯猫不喜跳跃或攀爬，扁平的面部不仅使其进食饮水困难，而且连正常呼吸都已非易事。

有的猫经过育种，出现了卷毛、无毛、垂耳等基因突变的情况。人们没有任这些猫悄然消亡，反而当成新品种继续培育，所以我们现在才能看到卷毛的帝王猫、无毛的斯芬克斯猫和垂耳的苏格兰折耳猫——耳朵贴向头的方向。一个外行的爱猫人士很可能会将现任康沃尔帝王猫冠军错认为憔悴的流浪猫而收留它，它很丑，且看上去的确太过可怜。经美国猫迷协会认可，可以参加猫类选秀冠军赛的品种共 37 种。英国管理委员会则把不同的皮毛颜色也作为区分不同品种的标准，因此其认可可以参加猫类选秀冠军赛的品种共 53 种。

人们现在看到的绝大多数猫都是随意杂交繁殖的短毛猫，有鉴于此，这些品种之间的区别就格外重要（英国管理委员会骄傲地宣布，每年注册的纯种猫约为 32000 只，但实际纯种猫的数量约为 7500000 只）。[17] 看一下任意一家书店的猫咪图书专柜，你会发现很多为猫痴狂的人都认为品种之间不同的特征是最值得研究的方面。大部分关于猫的图书都会展示各种图片，并配以描述，还会说明不同品种的历史（主要都是虚构的）。

猫与女性

猫与女性的联系早已有之：巴斯泰托女神是掌管母性及女性魅力的女神。虽然有些例外，如《穿靴子的猫》和《加菲猫》等，但我们仍旧习惯性地认为猫应该用来比拟女性，狗应该用来比拟男性。如果用猫代指男性，用狗代指女性，那就得借助专门的称呼，比如“tomcat”（公猫）和“bitch”（母狗）。“cat”可以用来指代恶毒的老妇人，“puss”或“kitten”可以用来指代迷人的年轻女性。猫身材娇小，身体柔软，具有女性特有的美丽和优雅。猫体现了大部分女性都难以企及的魅力。

文艺复兴时期，艺术家们转而开始歌颂现实世界的美，他们偶尔会在画作中描绘猫的形象，以期凸显作品中人物

扬·萨恩勒丹（Jan Saenredam，1565—1607年），《视觉寓言》（*Allegory of Sight*），雕版画

的俊杰丽姝。通常，猫与人物之间的相似性会通过色彩及姿态来表现。班奇亚卡（Bacchiacca）所作《抱猫的年轻女士》（*Portrait of a Young Woman Holding a Cat*，约 1525 年）中，有一只褐色的虎斑猫，还有一名棕发女性，穿着黑色与金色条纹的长裙，斜视观画者。猫和人物的表情相差无几：带着警惕，有几分张狂，非常自私的样子。猫那种肆无忌惮的活力让人们注意到女性身上潜藏的性暗示。让-巴蒂斯特·格勒兹（Jean-Baptiste Greuze）所作《纺线人》（*The Wool Winder*，1759 年）中，用较为间接含蓄的方式体现了性暗示。在这幅作品中，正在纺线的漂亮女孩眼神空洞，表情迷离，另有一只半大的猫警觉而贪婪地注视着她。猫意欲跃起的架势，仿佛一下就会扑住线团。当然，猫也正好到了活力四射、性欲旺盛的时候。在猫的衬托下，画家表现的是年轻女性看似木讷的表情下隐藏着蓬勃的生理需求，也就是潜藏的性欲。

皮埃尔-奥古斯特·雷诺阿（Pierre-Auguste Renoir）的一些画作描绘了性感的女性和同样性感的猫，但表现的是较为健康的生理欲望。画作中的猫都比较可爱，表情温柔：没有机警、强硬或躁动的样子，如画中的女性一样恬静可人。在《年轻女子与猫》（*Young Woman with Cat*，约 1882 年）中，

班奇亚卡，《抱猫的年轻女士》，约1525年，布面油画。人物和猫都非常迷人、任性、性感

皮埃尔-奥古斯特·雷诺阿，《年轻女子与猫》，约1882年，布面油画

乔瓦尼·兰弗朗科（Giovanni Lanfranco），《床上逗猫的裸身男子》（*Naked Man Playing with a Cat in Bed*），约1620年，布面油画。一名男子在猫的挑唆下扮演了情夫的角色

雷诺阿未来的夫人心不在焉地看着一只猫，而猫则身姿优雅，轻嗅着几朵花。一人一猫都是年轻的样子，强化了对自然感官愉悦的享受。这两个主体趣味相投，同样美丽，皮肤、毛发都非常柔软诱人。此外，猫花背白肚的皮毛，正好照应了人物褐色的头发和白色的长裙。

不过，艺术家通过猫来突出烟花女子的花招和诱惑的情形更为常见。从 1400 年起，烟花女子开始被称为“cat”。

猫这种动物经常给自己梳毛，而且在性方面往往表现得比较主动，所以母猫似乎是风尘中人的完美象征。科勒利斯·德·曼（Cornelis de Man）的作品《国际象棋棋手》（*The Chess Players*，约 1670 年）中，调情的成分显然要比下棋多。虽然画上的男人似乎有些不太积极，但女性转头望着观画者，一副心照不宣的表情，暗示自己正在引诱那个男人。地板上蹲坐着一只大型虎猫，也是心领神会的表情，正望着女人，好像对眼前所见之事早已了然。在版画《妓女生涯》（1732 年）第三幅中，一只臀部翘起的猫站在莫尔·哈克宝特面前，极具暗示性。在 N. B. 雷皮希埃（N. B. Lépicié）的《芳淑觉醒》（*Fanchon Awakes*，1773 年）中，一名衣衫不整的年轻女子美腿裸露，一只邋遢的猫正在她腿边蹭来蹭去。这名女子正坐在乱七八糟的床上穿丝袜。在凌乱的场景中，女性和猫都待在家里，一样性感迷人。纳撒尼尔·霍恩（Nathaniel Hone）曾为妓女凯蒂·费舍尔（Kitty Fisher）绘制了一幅肖像画，猫与女性之间的联系在其中表现得更为明显：性感的凯蒂旁边有一只小猫，正扒在鱼缸边缘想抓金鱼。通过表现小猫的淘气，掩藏在女性端庄优雅外表下的贪婪昭然若揭。爱德华·马奈（Édouard Manet）所作肖像画《奥林匹娅》（*Olympia*，1863 年）中，

朗雯香水“我的罪”（My Sin）的广告，1962年。和巴斯泰托女神一样，这只猫既性感，也颇具母性

那只活泼的黑色小猫是为和主人公的职业——妓女——相呼应，性欲对于猫来说是出自本能，而对于妓女则是穷于应付的职业。

阿尔方斯·图斯内尔（Alphonse Toussenel）在其《情感动物学》（*Zoologie Passionnelle*，1855 年）中阐述了猫与烟花女子之间的关系：她们“基本上都反感婚姻，热衷保持美丽的外表”，皮肤柔滑有光泽，渴望得到爱抚，热情且敏感，优雅又温顺，昼伏夜出，“兴奋时的呻吟声总能让讲求体面的人”震惊。阿尔方斯愤愤不平地假设她们都享受

荷兰佚名版画，16世纪。一只猫站在魔鬼的肩头，展示自己的臀部

着其不配得到的快乐与悠闲，从而进一步表达了自己的敌意。“懒惰、轻浮、整日逍遥或休息，还装模作样地捉老鼠……要是对一件事不感兴趣，就会对其不屑一顾，一分心思都不肯花，但若是有享乐、玩耍、情爱、夜晚纵欲之类的事情，就表现得乐此不疲。我现在说的是谁？”作者反问道，是猫还是猫代指的那类人？[1]

《黛莱丝·拉甘》的最初几章中，左拉为了表示对黛莱丝的同情，将她形容为猫。黛莱丝在毫无生气的拉甘家长大，她被动内向，“坐在椅子上，一言不发，一动不动，双眼无神。但当她抬起一只手或伸出一只脚时，又能体现猫科动物的轻盈，能显露出紧绷有力的肌肉，能让人们看到她表面平静的身体中蕴藏的能量与激情”。[2] 猫外表平静而内心狂野的形象，生动地表现了身陷感觉麻木、性欲冷淡的人群而内心依然热情奔放的女性的精神状态。这种相似性表明女性就像一只猫，需要且应该从这种社会束缚中解脱出来。可后来左拉写《娜娜》（*Nana*，1880 年）时，就抛开了对女主人公或猫的关爱和同情，再次将视角落在猫与风尘女子之间刻板的对应关系上。尤其是娜娜工作的剧院挤满了猫这一场景，更渲染了其中蠢蠢欲动的靡乱气息。娜娜自身已经不会爱，她只是像猫一样喜欢温暖的感觉并热衷于操纵别人的爱而已，正如她用下巴蹭情人的马甲，只为得到剧中一个并不适合她的角色。

在左拉所处的时代，人们已经真心喜欢猫了，也能欣赏性感的女性，但二者之间的联系仍让人们怀疑其真心，因此人们既怀有敌意，也为其着迷。有些男人欣赏猫神秘的夜生活，赞扬猫特立独行的颓废感及其与魔鬼之间的联系，这些人也为不忠且危险的女孩而倾倒。人们总是用猫来形容情妇，因为虽然猫通常都不露锋芒，却颇具杀伤力，且从来都不会用同样的热情回应人们给予的温暖，这为人们谴责情妇的冷心冷血、阴狠残忍提供了说辞。据波德莱尔所言，其情妇珍妮·杜瓦尔（Jeanne Duval）如猫一样优雅，偶尔会有些乖戾，有时会被动地接受自己的示好，从不感念，也不回应。在《恶之花》（*The Flowers of Evil*）的第二首诗《猫》（*The Cat*）中，他描述了自己对一只猫强烈的感官反应，其实，这反映的是他对情妇的热情以及对方的冷淡。当他满怀爱意地抱着猫，任手指贪婪地抚过它光滑的背部和让人心旌摇荡的身体时，心里想的正是自己的情人。情人的目光深邃而充满寒意，和猫如出一辙，如利刃一样将波德莱尔刺得千疮百孔。然而，猫和女性身上这种危险的光环却让她们更具魅力。

猫的挑逗。拉斐尔·基什内尔（Raphael Kirchner）：《肢体接触》（*Extremities Touch Each Other*），约1915年

保罗·魏尔伦(Paul Verlaine)的诗作《女人与猫》(*Woman and Cat*，1866年）中描述了一名女性和自己的猫尽享欢乐的场景，柔软的人手与柔软的肉垫相映衬，但猫淘气地隐藏了自己锋利的爪子（并非用不着就自然缩回去那么简单)，女性也在甜美的外表下隐藏了自己的锋芒。猫的爪子可以缩回，这种简单的进化实际上有助于它捕捉猎物，却也成为它背叛变节的象征——之后，沿着逻辑推理，猫的背叛便可以进一步推演到女性身上。这些牵强附会的类比被反复陈说,以至于很多男性都认为这是不言自明的事实。因此，E. V. 卢卡斯(E. V. Lucas)曾经写过,自己因“颇受猫的关注”而十分自豪,因为“每只猫实际上都是房间里最美丽的女人。她们致命的诱惑部分便来源于此”。[3] 或许卢卡斯将美丽的女性降格为非人类的动物实际并非有意为之，但很容易让人得到一种暗示，即对男性而言，女性的性感迷人十分危险：毕竟，猫就是一种危险的动物——可猫能威胁到的也仅是比自己身形更小的捕食对象而已。

莫泊桑的《论猫》(*On Cats*，1886年）中将对猫的敌意描写得非常激烈，且毫不避讳。莫泊桑看书时，一只大白猫跳到他腿上，于是他便开始抚摩这只猫。他详细描述了猫来回扭动，用头在他身上蹭来蹭去的样子，也讲述了自己抚摩它时快乐的感受:“这是世界上最柔软的东西，世界上再没有什么能比猫带着体温的皮毛更松软、更柔和、更平滑，能给肌肤带来至臻感受。”然而，这一切都只是表象，其背后隐藏的是残忍和不良居心。莫泊桑继续写道:“猫满足地打着呼噜，然而随时准备出击。因为于猫而言，抓挠撕咬和被人爱抚均不可或缺。”而这种莫须有的敌意反而激起了作者心中“一种奇怪而凶残的欲望，我恨不得掐死自己正在爱抚的这只动物。我能感受得到，她想咬我，想挠我”。接着，莫泊桑将猫的吸引力转移到女性的魅力上，因此，这种奇怪的投射所体现的偏见就算没有得到合理论证，也已非常明显。猫“甜美可人”,因为它们在我们身上蹭来蹭去、幸福地打呼噜,或“睁着黄色眼睛似有似无地看着我们时，我们能感受到其温柔背后的不安全感，以及其愉悦背后的不忠与自私”。女性完全一样,当妩媚温软的女性用“明亮且虚伪的眼神”看着男性,“伸开双手，凑近双唇”时，甚至当男性“将她们拥入怀中，心潮澎湃”“感受轻抚女性身体的舒适欢愉时，男性也清楚地知道自己怀里的是一只长着利爪尖牙的狡猾的猫，一个坠入了爱河但在厌倦了亲吻后就会反咬一口的敌人”。[4]

这种强烈的矛盾情绪可能来自个人的心理问题，也可能是迫于浪漫主义中施虐受虐的成分——这种爱恋需要感情中危险和敌意的成分来刺激，想想女性与猫的类比就能明白。猫魅力无限，利爪潜藏，情欲旺盛，冷淡孤傲，自私自利，为说明女性之爱所谓的狭隘性提供了唾手可得的喻体。当然，人性的残忍与狡诈同样可以投射到猫的身上。弗洛伊德认为，男性对端庄沉稳、极度自恋的女性的迷恋，是因为该男性在成长过程中不得不放弃自恋情结。他解释说，女性因其保留的自恋情结而成为被爱的对象。猫特别的魅力也基于此，尽管深陷爱河的人或许会抱怨情人像猫一样冷漠、不忠和难以捉摸。[5]

对猫性欲的强调以及我们对此的关注，只是人类倾向于将自身动物性的情欲投射到所谓低等动物身上的表现。然而，我们对猫科动物性欲的看法不同寻常，充满爱恨交织的矛盾感。相较之下，山羊的情欲只会让我们心生厌恶。尽管“cat”（花街柳巷女子）和“cathouse”（烟花场所）在俚语中含有贬义，但“catlike woman”（猫一样的女人）通常表示妖娆性感的女性——虽然是像凯蒂·费舍尔一样的风尘女子。其实，有些与猫相关且用于表示人类性欲的俚语也并非完全让人反感。“pussy”（女性私处）是有关性欲的粗话，“tomcatting around”（四处找女人鬼混的男子）听上去比较龌龊，还不至于到污秽、肮脏的地步。值得一提

约翰·斯隆（John Sloan）：《屋顶上的日光浴者》（*Sunbathers on the Roof*，1941年），蚀刻画。在这幅画中，猫的出现使情欲的味道又浓了几分

的是，尽管“tomcat”有“公猫”的含义，且猫确实也有些阳刚之气，但人们通常会将猫与雌性联系在一起。举例来说，图斯内尔（Toussenel）笔下的猫似乎都是母猫。自古以来，男性都习惯将不愿承认的自身情欲推到女性身上，猫正好成了他们的有力工具。

实际上，巴尔蒂斯（Balthus）就曾用猫来凸显男性的雄风，但是他画中那只心怀不轨的公猫与传统作品中表现女性的猫有明显区别。通常，巴尔蒂斯画中的女孩或女人会以或娇娆妩媚或甜美诱人的姿态出现，且画面中常有一只公猫直勾勾地盯着她们的私密部位。在《裸女与猫》（*Nude with a Cat*，1949 年）中，画中的女性似乎是有意向猫展现自己。猫就卧在女性身后的柜子上，脸上的狞笑一如人的表情。在《地中海的猫》（*The Cat at 'La Méditerranée'*，1949 年）中，快乐的猫头男性正准备享受跳进自己盘子中的鱼与划着独木舟朝他而来的半裸女人。然而，画家本人更想表达的是公猫的阳刚之气，而非单纯用公猫代指自己。在《猫王》（*The King of Cats*，1935 年）中，他将自己描绘成了一个脆弱、疲惫的美学家，与在他腿边蹭来蹭去的健壮而快乐的猫形成了鲜明对比。巴尔蒂斯画作中的公猫都焕发着令人羡慕的活力，而非不太光彩的情欲。

尽管与西方人对待交际花的态度相比，日本人对艺伎的态度更为开放，但他们也认为猫与艺伎之间有相似之处，因为艺伎也会利用自己的美貌、优雅巧妙（或狡猾）地俘获男人的心。浮世绘画家会将猫与艺伎类比。艺伎美丽而性感，在夜晚尤其活跃，代表了自由与欢愉，而非传统家

巴尔蒂斯：《地中海的猫》，1949年，布面油画

庭中的责任与秩序。在怀月堂度繁（Kaigetsudo Dohan）的作品《坐在箱子上逗猫的艺伎》（*Courtesan Seated on a Box and Playing with a Kitten*，约 1715 年）中，艺伎的双足从和服底下露了出来，猫的出现则以微妙的方式增强了对女性情欲之姿的表现。歌川国芳表现云雨之欢的画作中，常常会有一只猫蹲坐在一侧，盯着敏感部位看，一副兴致勃勃的样子。"nekokaburi"［像猫一样隐藏（感情）］的意思是虚伪或佯装谦逊天真；"nekonadegoe"（像猫一样说话）的意思是逢迎取悦，用虚伪的甜言蜜语来劝说［与英语中

“pussyfooting”(像猫一样走路,意思是谨慎行事)一词相似]。1890年到1904年间，小泉八云生活在日本，经过观察，他发现艺伎总喜欢在家里放一只招财猫，因此，认为艺伎和猫一样，“顽皮、漂亮、温柔、年轻、腰肢细软、喜欢被人爱抚，但若残忍起来，也会如噬人的烈火一般……艺伎就像猫……喜欢捕食”。不过，二者都能给人带来快乐，引人爱怜。[6] 日本人对具有诱惑力的女性怀有的矛盾心理在民间传说中表现得最为突出：传说中的猫女巫，在女子迷人的外表下隐藏着猫科动物残忍的心。

虽然人们经常将女性与猫两相比较，但女性对猫的看法很少与性有关。绝大部分男性艺术家在描绘女性与猫的作品时，都会带有性暗示，然而，女性画家却很少重视纯粹的肉体吸引力。塞西莉亚·博克斯（Cecilia Beaux）在朴素的肖像画《西塔和塞丽塔》(*Sita and Sarita*，约1921年)中，借用了猫的传统含义，表现出画中矜持女子的内在情感，这种情感可能是年轻人对新鲜事物的渴望和社交的向往。塞丽塔脸色憔悴，穿着一袭白裙，坐姿僵硬，看着观画者背后；小黑猫西塔一脸好奇，踩在塞丽塔肩上，金黄色的眼睛与观画者对视着。塞丽塔的手轻轻揽住肩上的西塔，尽管一人一猫并没有语言交流，二者之间真实亲切的感情却跃然纸上。

男性作家会利用猫谴责引诱男性却不付出真心的女性，女性作家也会借用猫暴露男性对女性自私的要求。对女性来说，猫身上的情欲色彩较弱，更能体现的是一种独立的生活方式，能让女性摆脱传统的性别分工和角色期望。西尔维娅·汤森德·沃纳笔下的洛莉·维洛斯（Lolly Willowes）是一名未婚的中年女性，自从一只猫出现在她的生活中，指引她成为女巫后，她便从服务他人的传统生活中解脱了。洛莉总是要听命于人，单调沉闷的生活让她有窒息之感，她大声呼喊，希望得到帮助。回到家后，洛莉发现了一只黑色小猫，小猫抓了抓洛莉的手，舔了舔自己的嘴唇，就睡着了。洛莉明白了，这只猫是只灵猫，自己已经以血画押，同魔鬼订立了盟约。洛莉给这只猫取名维尼嘉（Vinegar），是借用了17世纪猎巫人马修·霍普金斯（Matthew Hopkins）给一只灵猫取的名字。维尼嘉既是乖巧的小猫，也是称职的精灵。开始，洛莉对维尼嘉还有戒备之心，但维尼嘉楚楚可怜的叫声和充满期待的眼神融化了洛莉的心，所以洛莉便渐渐接受了维尼嘉这只流浪儿。一次，维尼嘉想使用咒语把洛莉的侄子赶出村子，但由于缺乏经验，咒语未能奏效，这可能是它“第一次尝试重大破

塞西莉亚·博克斯：《西塔和塞丽塔》，1921年，布面油画

坏活动”。[7] 作为灵猫的维尼嘉在整本书中生动有趣，但即使是作为普通家猫，维尼嘉也给了洛莉勇气，让她能放下别人的期望和要求，按照自己的意愿生活。洛莉的这个伙伴并不会限制她，她也终于在这种独身生活中找到了自由。当代巫术被认为是一种严肃的宗教，女巫们会表达自己的主张，反对传统父权宗教。

柯莱特（Colette）和乔伊斯·卡罗尔·欧茨（Joyce Carol Oates）利用男性将人类情欲投射到猫身上的习惯，揭示了男性对自己妻子的自私。在柯莱特所作《猫》（*The Cat*）以及欧茨所作《白猫》（*The White Cat*）中，丈夫都对家里的猫有几近病态的强烈感情，因为他们将猫视为人类的情爱对象，即女性。《猫》一书中的阿兰（Alain）对自己的沙特尔猫萨哈（Saha）颇有感觉，用本应对待新婚妻子卡米尔（Camille）的方式对待这只猫。他并不在意卡米尔的感受，然而，猫因对其婚姻的嫉妒而表现出的每一个微弱的信号，他都异常敏感。卡米尔对此妒火中烧，最终到了不可控制的地步，她与这只猫在作者构建的精彩冲突场景中明争暗斗，尔虞我诈。最后，卡米尔在冲动之下将猫从九楼的阳台丢了出去。猫大难不死，阿兰带着它回到了自己之前的家。阿兰认为自己对猫的偏爱能体现自己精致的品位——

当然，猫比所有女性更优雅、更斯文、更沉静。从另一方面看，男人不应和猫一样，对噪声和周围的变化有本能的厌恶；他也不应该更偏爱猫那种冷漠之情胜过人类的爱情。自私的男人更喜欢人与猫之间的简单关系，反而对成熟的两性关系无多留恋。对于这样的男人来说，萨哈简直是浪漫的理想型。其实，尽管卡米尔杀猫的冲动确实是恶行，极不妥当，但我们不得不认同她的看法，即阿兰对猫的喜爱是病态的。如果非要因为卡米尔想要杀死无辜、忠诚的小动物而将之当成魔鬼的话，那阿兰无异于是为了猫而抛弃妻子的怪物。

我们可以理解卡米尔对萨哈的嫉妒之心，但在欧茨所作《白猫》中，朱利叶斯·缪尔（Julius Muir）对妻子那只猫的嫉妒就显得毫无来由。尽管朱利叶斯表面大度，不肯承认，但他内心却希望比自己年轻很多的妻子阿莉莎（Alissa）心里只装着自己。为使阿莉莎不被孩子搞得心烦意乱，朱利叶斯把一只漂亮的白色波斯猫米兰达（Miranda）送给她作为补偿。可即便如此，随着时间的推移，朱利叶斯还是不得不承认，阿莉莎没有做到自己想要的那种全身心的付出——猫毫不掩饰对他的冷漠，让他第一次体会到了这一点。米兰达并不太在意朱利叶斯显赫的社会地位，这着实令人气恼。每次朱利叶斯叫它时，米兰达都会回之以“冷漠薄情的眼神”。实际上，这只猫似乎对每个人都很好，除了朱利叶斯。朱利叶斯发现，“妻子的一位导演朋友来家里做客时”，米兰达会“过去蹭客人的腿”，还毫无顾忌地“享受着几位客人的赞美”。他吃惊又沮丧地意识到，自己真的恨不得杀掉这只猫。这只猫似乎代表了妻子对除了自己之外所有事物的关心——可能是那位年轻的导演，可能是她刚刚在剧院找到的工作，可能是妻子在剧院认识的朋友。终于，嫉妒之火爆发了，朱利叶斯认为那只猫就是阿莉莎本人，由于阿莉莎没有给自己足够的关注，米兰达应该以死谢罪。两次杀猫未遂后，朱利叶斯干脆想与阿莉莎在车祸中同归于尽，可结果是他因此成了残疾。小说的结尾，朱利叶斯双目失明，身体残疾，只能听到阿莉莎甜美的声音，“感受一团毛茸茸、暖乎乎的东西卧在腿上”，他将在这样的日子里度过余生。[8] 究竟是朱利叶斯因嫉妒而受到了正义的惩罚，还是女人与猫联合起来就会具有邪恶的力量呢？

女性总在家中，猫通常也会在家附近转悠，所以猫和女性也会因家庭主妇的角色相联系。女性和猫本就应该留在家里——古语有云：“贤妻好猫，居家最好。”正因如此，尽管猫通常与神圣之物格格不入，但画家们还是会将温顺的猫绘入有圣母马利亚出现的场景中。巴罗奇的肖像画《圣家庭》(*Holy Family*) 中，圣母马利亚慈爱地轻摇怀中的耶稣，她的长袍边，一只母猫正哺育自己的小猫。显然，画家暗示的是两位母亲对孩子同样的爱。在巴罗奇另一幅作品《天使报喜图》(*Annunciation*，1582—1584 年) 中，熟睡中的那只猫神情甜美，一如圣母。

维多利亚时代的人将猫塑造成暖心的家庭精灵，还将其刻画为整洁有序的家庭主妇，使其成为居家女性的榜样。朱莉亚·梅特兰 (Julia Maitland) 的《猫与狗；或普茜与船长回忆录》(*Cat and Dog；or Memoirs of Puss and the Captain*，1854 年) 利用动物的形象教导小朋友们关于性别角色的内容。船长是一只大型猎犬，他与一只白色小猫普茜相处甚欢，对她与自己的不同之处都非常欣赏。一猫一狗都品性优良，愿意为自己的主人服务。在这一构思框架下，他们就成了维多利亚时代理想夫妻的化身。船长是故事的讲述者，他夸赞小猫"温柔、优雅、懂礼貌……随叫随到，但从不会碍事；她敏于观察，但缓于干涉；她对待自己的工作积极主动，对待无须插手的事务则谦逊退让；她性格温和，生活有章可循——她绝对是完美的居家主妇"(猫的本职工作是捉老鼠，但文中没有展开说明)。后来，普茜成

彼得·于斯（Peter Huys，约1519—1577年）：《天使报喜图》（*Annunciation*），雕版画

了“我生活中的小伴侣，为我的居家生活带来了幸福快乐”，而船长则成了普茜的“支持者和守护者”。尽管普茜巧妙地暗示过船长控制自己好斗的冲动，但她同时也承认，抗争比逃跑或咒骂更“高尚”，因为抗争是随时准备“保护弱者，维护正义，不计得失”。“如果世界上大多数人还不如我精力充沛和勇敢，那何谈成大事”。普茜的形象与其他小说中的某些形象不谋而合，比如，狄更斯笔下的艾妮斯·维克菲尔德（Agnes Wickfield，《大卫·科波菲尔》）以及艾瑟·萨默森（Esther Summerson，《荒凉山庄》）。猫天性低调，对人类的一切不感兴趣，且身材娇小，这就体现了人类性格中谦逊、顺从、随遇而安和羞怯腼腆的一面。普茜、艾妮斯和艾瑟都得到人们的褒扬，但小说中对她们的称许却远逊于对男性的赞美。在菲利普·哈默顿(Philip Hamerton)的作品中，这种思想非常明显。他的《论动物》(*Chapters on Animals*)表面上对猫进行了客观的评价：赞美了猫和女性都爱整洁、喜安静，且很灵活（猫身体灵活，女性在社交方面表现灵活)，但却暗示猫和女性身上没有狗和男性身上的高贵品质。由此可见，猫是女性以及“非常具有文艺气息”的男性的最爱——这里的“文艺气息”稍带“柔弱”的意味。[9]

直到20世纪80年代，带有普茜形象的贺卡一直十分流行。在这种传统卡片上，猫总是与女性一起出现，或者代表女性的形象，且场景通常为在家里开心地做家务。一张 1978 年的贺卡中，猫蹲坐在 19 世纪风格的摇椅旁，而女性则在刺绣；另一张 1968 年的贺卡上，猫卧在一堆要洗的衣服上——那天是母亲节，所以这家的主妇还没有洗衣服；还有一张 1968 年母亲节的贺卡上写有“致吾妻”字样，画面是一位家庭主妇在打扫、做饭，一只猫在观察，猫头上系着和家庭主妇一样的印花手帕。打开卡片，能看到家庭主妇穿着轻薄的鸡尾酒酒会礼服，妆容精致，手捧鲜花，蹲坐在旁边的小猫脸上挂着和她一样的微笑，脖子上还系着丝带。最后要提到的这张 1975 年的卡片上，一只猫穿着围裙，戴着皇冠，这是送给母亲的情人节卡片。

送给小女孩的卡片可以让孩子们为之后扮演家庭主妇的角色做好准备。甜美、漂亮、安静的小猫印在情人节或生日贺卡上被人送给小女孩，实际上是宣传并强调女孩子们也应该具有同样的品质。在为父亲准备的情人节贺卡上，男孩开着玩具车，后面跟着奔跑的狗狗，而女孩则坐在椅子上，看着手中的情人节礼物，旁边有一只小猫抬头看着她（1981 年）。1969 年的一张贺卡上，有一只漂亮的小白猫抬头看着刚刚毕业的女生，这就暗示出，与女性的魅力相比，女生在学术方面的成就没那么紧要。值得高兴的是，在当代贺卡上，猫的形象和女性的形象逐渐摆脱了各种限制：女性以非传统的角色出现，而猫则与男性同框。

性情温良的猫代表贤惠的妻子，同样，顽劣不堪的猫就代表跋扈专横的妻子。中世纪的传教士总会把经常穿得花枝招展才外出的女性与散漫的母猫相提并论。查尔斯·狄更斯在《不做生意的旅行者》(*The Uncommercial Traveller*, 1860年）中描绘了伦敦贫民窟里脏兮兮的流浪猫，借机谴责了生活在那里的女性，指责猫是邋遢的家庭主妇，还将女性贬低为流浪野猫。正如“生活在它们周围的女人一样”，这些猫：

> 好像随时随地就能躺在脏兮兮的街头睡觉。它们根本不管自己的孩子，任由小猫们在下水道里跌跌撞撞，无人照拂，而它们自己则在街角高声争吵、咒骂、撕咬、唾弃。更过分的是……它们怀孕的时候（这种事经常发生），跟那些衣装不洁，鞋不跟脚，毫无追求的女性简直毫无二致。坦白说，我从没见过哪只流浪母猫在怀孕的时候洗过脸。[10]

猫非常适合代指女性，因为二者最神圣的职责都一样：尽为母之责，保持干净整洁，举止端庄娴雅。猫为狄更斯提供了一个发泄的出口，让他能谴责不负责任的人类母亲——这些人随意将孩子带到人间，而且还未能尽到照料养育的责任。

唐·马奎斯（Don Marquis）的《阿奇与梅海塔布尔的生活与时代》（*The Life and Times of Archy and Mehitabel*）中，蟑螂阿奇的朋友、身心憔悴的流浪猫梅海塔布尔，象征着

大卫·贝拉斯科（David Belasco）的喜剧《淘气的安东尼》（*Naughty Anthony*）的海报，约1900年，石版画

《哈珀斯》（*Harper's*）杂志的封面，1896年。猫被弱化成美好生活的优雅装饰

桀骜不驯的女性。不过，马奎斯笔下的梅海塔布尔让人耳目一新，惹人同情。20 世纪 20 年代，女性本应已从社会对其固有印象中解脱出来，然而她们的地位和实际承担的责任却丝毫未变。梅海塔布尔是典型的波西米亚女权主义者，想要获得解放，却发现在家庭义务的束缚下，女性根本无路可退。猫完美地呈现了这一情况，因为其拥有自由的灵魂，无视资产阶级习俗，独自肩负着养育小猫的职责。“梅海塔布尔尝试伙伴式婚姻”的故事揭露了激进男性的伪善——他们四处鼓吹性解放，实际上获得性解放的只有他们自己。“一只 / 心肠歹毒的马耳他公猫 / 脖子上系着银铃”，给了她“至今引以为豪的 / 伙伴式婚姻”，她无法抗拒，即使知道“这桩婚姻 / 暗含着陷阱……任何一种婚姻 / 都是一窝接一窝生小猫”。显然，生下小猫后，公猫就会让她独守寂寞春闺，她最后不得不承认，伙伴式婚姻和“美国旧式婚姻一样 / 也是盘算着一日三餐 / 根本没有停歇之机”。

无论是猫科动物还是人类，和所有疲惫不堪的母亲一样，梅海塔布尔很努力地抗争，但最后不得不无私奉献。她强烈渴望“按照自己的方式生活”，抗议道：“太不公平了 / 该死的公猫拥有所有 / 快乐和自由。”尽管如此，梅海塔布尔最终还是坚忍地妥协了：“自我牺牲自始至终 / 都是我的座右铭。”她“会打理好这个家”，为了自己美丽、天真的小猫们。她意志坚定，把孩子们安置在废弃的垃圾箱里，祈祷大雨滂沱之际，自己能赶得及把孩子们都救出来。[11] 冷漠的猫一直漠视人类的思想意识，但却解释了人类在标准适用方面的种种不公平，即否认自我实现与为人慈母之间的冲突，认为自我牺牲是女性心甘情愿的天性，与男人无关。通过表现一只猫的淳朴，马奎斯也揭露了女性的虚伪：她们牺牲了很多，却拒绝承认对此心怀怨怼。

人的堕落是由夏娃私自行动，而没有听从丈夫的主张造成的。描绘这一场景的画家们通常都会在画中加入一只猫，突出夏娃的叛逆。阿尔布雷特・丢勒（Albrecht Dürer）在《人类的堕落》（*Fall of Man*，1504 年）中，将夏娃和猫画在同侧，暗示了猫和女人之间的相似性：夏娃要误导自己的丈夫，猫则想抓住眼前的老鼠。在亨德里克・霍尔奇尼斯（Hendrik Goltzius）同一主题的画作（1616 年）中，夏娃妩媚地看着亚当,而亚当则一脸不明就里的表情。此外，画面前景中还蹲坐着一只半是虎斑、半是白色的猫，一脸心照不宣的样子。

狄更斯利用猫科动物的懒散谴责人类的邋遢，布丰则通过呵斥猫谴责胡行乱闹的主妇。他对猫科动物在道德方

乔治·赫里曼（George Herriman）为唐·马奎斯《阿奇与梅海塔布尔的生活与时代》所绘插图，1927年

面的抨击强烈至极，因为他把被女人激起的怒火和愤懑转移到了猫科动物身上：这些女人就应如丈夫所言，安分守己，乐于奉献，可她们竟然拒绝这些分内之事。布丰还描述了犬科动物和猫科动物对待权威的不同态度，这与当时有传统父权制思想的人对好女人和坏女人的论断惊人地相似。当时的人们认为，无论是家养动物还是女性，不应有自己的兴趣或观点，受到不公平对待时，也不应表露憎恨。

由于人们认为男性更具理性，因而拥有凌驾于女性之上的权威，所以反对男性的女性一定和猫一样堕落成性，放荡任性，无可救药。伊索最受欢迎的寓言之一就是《猫小姐》(*The Cat Maiden*)，其中就暗示了女性与猫的上述关联：一只猫说服阿佛洛狄忒将自己变作人形，好赢得一个男人的心。结果，猫小姐从婚床上一跃而起，扑向一只老鼠时，彻底暴露了自己积习难改的残忍本性。乔叟笔下的伙食管理员通过对比论证了自己的观点：女性有一种天性，会为了花花公子背叛自己最温柔体贴的丈夫，正如猫为了捉老鼠，会毫不留恋地离开最舒适的家一样。与舒适却有限制的生活相比，女性与猫都宁愿倔强地选择自由。

尽管现在的男性并不会直截了当地号称自己更理性，理应统治女性，但中世纪遗留下来的对女性的态度仍有其影响。安布罗斯·比尔斯（Ambrose Bierce）在《魔鬼辞典》（*Devil's Dictionary*，1906 年）中开玩笑地将女性定义为：

> 一种通常生活在男人身边的动物，对家庭有着与生俱来的感情……她们是分布最广泛的猎食动物……也是猫科动物。她们身姿轻盈，腰肢柔软，优雅温婉，美洲品种更是如此（好斗的猫）。她们是杂食性的，经过学习训练，可以沉默不言。

和很多笑谈中说的一样，上述定义中也隐藏着一种严肃认真的态度，且这种态度也存在于所谓的早期精神分析学科的科学观察中。弗洛伊德宣称，女性阻碍了人类文明的进步；卡尔·荣格得出了女性与猫之间的联系：猫与女性相似，因为与狗以及狗所对应的男性相比，猫是“所有被驯化的动物中驯化程度最低的”。[12]

20 世纪 80 到 90 年代间，应受谴责的“我恨猫”（“I Hate Cats”）书系披着幽默的外衣，赤裸裸地表达了对女性的敌意。西蒙·邦德（Simon Bond）的《一只死猫的 101 种用途》（*101 Uses for a Dead Cat*，1981 年）中甚至提到把死猫做成削笔器，放在桌子上，而且尾巴还要翘起来：男性把铅笔从猫的身后插入，这种姿势显然与强暴无异。杰夫·里德“博士”（“Dr” Jeff Reid）是《不再如猫般依赖》（*Cat-Dependent No More！*）一书的作者。他在书中一再强调，“如猫般的依赖症多见于女性”，这是因为女性有受虐的天性。罗伯特·达芙妮博士（Dr. Robert Daphne）宣称，自己深受刺激，才完成了《如何杀死女朋友的猫》（*How to Kill Your Girlfriend's Cat*），因为他讨厌一点：猫会分走女友的一部分精力。“数千年来，男性都会通过各种方式杀死女友的猫。穴居时代，男性会用棍棒打死猫或用石头砸死猫……进入文明社会后，男性所使用的方法更为狡猾隐蔽……要记得，每一段美满关系的背后都有一只死去的猫。”猫不得不死，原因主要有两点：一是猫是独立的榜样；二是女性本应全心全意关注男性，但猫的存在会让女性分心。一旦猫消失了，“就没有什么能影响你，没有什么能阻止你获得此后多年的幸福”。[13] 杀死女性的猫也会让人考虑到另一种可能性：直接杀死女性本人。值得注意的是，达芙妮所有作品中最典型的杀猫爱好者之一就是亨利八世。如果这本书的读者群体仅仅是痛恨猫的人，那或许就不会如此广受欢迎了——这本书还吸引了很多幻想伤害女性，但极力掩饰自己有厌女症的人。1990 年，《如何杀死女朋友的猫》的续篇《如何再次杀死女朋友的猫》（*How to Kill Your Girlfriend's Cat Again*）中讲述了40多种杀猫的方法，还承诺此系列会出版第三本。

长久以来，男性对女性有诸多抱怨，猫很容易就成了替罪羊：女性不够顺从，对自己爱得不够深。无法掌控女性的男性，总会将女性与自己无法控制的动物联系在一起。希望女性在人类能力允许的范围内尽己所能全心奉献的男性，总认为猫很冷漠，心中暗藏敌意，还会将这些特质安在女性身上。将女性与猫相联系，不仅可以更轻易地定义二者的角色，也可以让人不假思索地接受早已有之的成见。人们会用这种联系责难桀骜不驯的妻子，或将女性弱化为温顺的家庭至上者。猫强化了女性在性方面的吸引力，也暗示了软弱、淫荡、漠然或不忠的形象。猫这些与生俱来的品质投射到女性身上就成了品行不端，反过来，人们对女性道德方面的评判又会被用于深入刻画猫的性格。人们不太重视女性，猫也是不太受人重视的家养动物，通过将之联系在一起，男性同时贬抑了二者。

虽然女性更能理解猫，但男性往往会从旁观者的角度对猫进行评判，一如他们评判女性的方式。即使男性没有刻意轻慢女性，但在不知不觉中，他们总会陷入蔑视这二者的情境中。保罗·加利科称，女性如猫一样擅于操纵摆布，也如猫一样聪明狡黠，即使处于更强大的权威之下也能自如生活——但加利科忘记了，在典型的父权制社会中，这种行为并非出自其天性本质，而是因为弱势群体要想生存，就不得不善于钻营。金利·弗里德曼（Kinky Friedman）推测“女性与猫之间有很多共同点”，进而将猫和所有人都有的特点强加在女性身上：女性喜欢“能给自己带来宽慰或能吸引自己的东西”，喜欢“被抚摩，被拥抱”，总在“你没防备的情况下偷袭”。加利科称“没有人真正理解女人或猫”，他的这句话直接将猫和女性与以男性为主导的全人类对立起来。他的这句话毫无意义，除非将“没有人”改为“没有男人”。康拉德·劳伦兹（Konrad Lorenz）非常喜欢猫，为了让猫摆脱居心叵测、奸猾狡诈等印象，他不惜通过比较，将一切归咎于女性：“猫之所以看起来虚伪或‘阴险’，主要是因为很多看似同样优雅的女性确实如此。”[14]

一旦大部分文学作品或绘画作品均出自同一性别的人，那么另一性别的人就必然会被视作异类，且二者之间的不同必然会让另一性别的人沦落到较低的地位。中国的阴阳学说认为，天地运转，阴阳缺一不可。然而，代表刚强、上天、积极、光明、主动的阳显然优于代表阴柔、大地、怠惰、黑暗、消极的阴。无论是在中国还是韩国，男人和狗都是属于阳，女人和猫都属于阴。[15]正如在西方，即使女性与猫都举止得当，端庄得体，也是低人一等。

猫的独立个性受到赏识

现在，我们更愿将猫视为家中独立的一员，而非某种象征。等级制度越来越不得人心，所以我们期望看到猫（以及狗）能成为平等的个体，而非寄人篱下、俯仰由人的动物。人们愿意承认所谓的低等动物拥有的权利、独立性，甚至是某种程度上的平等。我们将猫和狗当作自己的朋友，而非财产，也不想称自己为其主人。美国曾进行过一次如火如荼的运动，该运动强烈要求在日常用语和法律文书中，把“主人”一词替换为“监护人”。猫身上本就有其他家庭动物所不具备的平等气息，所以更成了这种平等主义倾向的催化剂。喜欢猫的人欣赏猫的独立，接受其偏私利己的一面和掠食的冲动，毕竟人类自己也是如此。传统的性别角色已然坍塌，我们已经不再将猫与女性简单地联系起来。猫在我们眼里和人一样，作家可以把猫描绘成人类最亲密的朋友，可以分析人们喜爱的猫的性格，还可以令人信服地分析猫的所思所想。

早期现代作家谴责猫的不驯服，维多利亚时代的作家将猫塑造为家中的灵兽或可爱的孩子，使其给人亲切友善的感觉。与之相比，19 世纪几位极具洞察力的爱猫人士则大赞猫独立自主的性格。弗郎索瓦·勒内·德·夏多布里昂（François René de Chateaubriand）非常欣赏猫的：

> 独立和几乎是忘恩负义的本性，这样猫就不必受制于任何人……你爱抚它，它便会拱起后背，但这是出于感官上的愉悦。猫与狗不同，虽然主人总对狗拳脚相向，但狗对主人却诚挚而忠实，并从中获得愚蠢的满足感。猫独来独往，无须陪伴，只遵从自己的内心，会为了便于观察而假寐，绝不会放过能抓住的一切。

大仲马欣然接受猫这种“叛徒、骗子、小偷……自我主义者……忘恩负义者”的形象。猫以自我为中心，更证明了其优越性：狗心甘情愿地为人类捕猎说明了其愚蠢，而猫捕鸟自有其原因，因为是它自己想吃。马克·吐温写道："上帝的造物中，只有一种不会臣服于鞭子的威力。这种动物就是猫。如果人类与猫杂交，那么因此而进化的会是人类，因此而退化的会是猫。"[1]

拉迪亚德·吉卜林（Rudyard Kipling）的《如此故事》（*Just So Stories*）中有一篇精彩的寓言故事《独行的猫》（*The Cat that Walked by Himself*），赞颂了猫对自我本真的默默坚守。女人驯化了男人、狗和马，可猫还是会在巢穴中闻着热

阿诺德·罗斯坦（Arnold Rothstein）的摄影作品，雪中自立的猫，1940年

牛奶的香气，尽享舒适。猫会陪孩子玩耍，打呼噜哄孩子睡觉，杀死洞穴里的老鼠，借此说服女人让自己留下来——可猫为了取悦自己也会做一样的事。通过这种方式，猫既没有让步，也达到了自己的目的："我还是那只独行的猫。"[2]

拉迪亚德·吉卜林的寓言《独行的猫》的插图，1902年

现在，赞美猫的乖张，不愿迎合人们的愿望和标准，情感上独立，冷酷地追求自己的利益成了很普通的事情。越来越多的人欣赏猫的这些独特品质，人们已不再将猫视为低狗一等的动物。自20世纪80年代起，贺卡上很多猫一转之前漂亮甜美的形象，变得淘气俏皮。它们脱离了毛茸茸的幼猫这一阶段，成长为优雅的成年猫。此外，对猫的描绘也不再仅局限于其溜圆的眼睛，牙齿也成了画面的重点。贺卡上的猫不再迎合人类，也不再摆出可爱的样子盯着人们看，而是自作聪明地嘲笑人类。2005年的一张生日贺卡正面，猫说了这样的话："生日快乐！真不知道我到底做错了什么，竟有个你这样的姐妹。"打开贺卡，内页上的猫则大声说："怎么样都好……对不起！对不起！"在另一张2005年的贺卡上，一只猫穿着圣诞老人的服装，高唱道："啊，圣诞树，啊，圣诞树，你身上的装饰老掉牙了！"

杰罗姆·K.杰罗姆（Jerome K. Jerome）在《各种各样的猫》（*An Assortment of Cats*，1893年）中，对猫通过利用人类的虚荣而赢得青睐的手法进行了高明的分析。作品中的女主角南美栗鼠金吉拉（Chinchilla）解释说，猫要想拥有舒适称心的家并不难："选好目标，在后门可怜兮兮地喵喵叫。门开的一瞬间就冲进去，蹭着门开后遇见的第一双腿，使劲蹭，然后抬头，用充满信任的目光看着那个人。我发现，信任能最快打动人心。因为人类得到的信任并不多。”[3] 然而，杰罗姆暗示道，跟猫相比，人类本身并没有更无私，只是更多愁善感，更善于自欺欺人，所以根本没有立场谴责猫。如果说猫对人类感兴趣是为了给自己找一个舒服的栖身之所，那人类对猫的兴趣就是为了满足自己的虚荣，即自己和善可亲，值得信赖，兼济博爱。由于猫很少愿意付出，很少显露感情，所以与狗对人类的感情相比，猫对人类的感情更容易让我们满足，因为我们可以将这种感情解释为一种认可，说明我们人品不凡，心思细腻柔软。

“猫当然绝非善类，”保罗·加利科在《我的猫老板》（*My Boss, the Cat*，1952 年）中动情地说，“它们是江湖骗子，是落魄乞丐，坑蒙拐骗，阿谀谄媚……满肚子阴谋诡计。”猫“想引人注意时才会有所行动，要是它心里惦记着别的事情，就根本谁也不理，只想自己待着”[4]。加利科声称《沉默的猫叫：小猫、迷路猫与流浪猫指南》（*Silent Miaow：A Manual for Kittens, Strays, and Homeless Cats*，1964 年）这本书是自己的猫所写，还亲自配上了很多关于这只猫的美丽图片。书中的主角是只迷途的猫，她讲述了自己找到一户舒适富足的家，并顺利成为家庭一员的故事。虽然这家

猫对老鼠表现出了极大的兴趣，摘自英国的拉丁语动物寓言，约1170年

的主人并不想养猫，但她轻而易举就攫取了这些人的心：她明确表示猫非常独立，所以不要指望猫能付出感情，所以猫给予的情感，哪怕只有一丝，都让人非常感动；此外，她还会摆出让人无法抗拒的姿态，可爱至极，这样就能霸占自己最喜欢的椅子。

很多故事和插图中还会出现维多利亚时代小猫的可爱形象，很多爱狗人士至今都无法理解，人们为何能忍受独立自主、叛逆不恭的猫。这些观点现在并不占据主导地位，毕竟大多数人至少都已经接受：家里养的小动物无须对我们无条件地恭谨顺从。猫决意无视人类的期望，若是能欣然接受猫的这种天性，我们平等主义的感情就能得到满足，也不会因此而烦恼。我们将自己的让步妥协视为宽宏大度，而非掌控力较弱的暴露。实际上，由于能体会到猫的特殊诉求，人类自身也非常骄傲。之前，我们会谴责猫的冷漠以及以自我为中心的样子，现在，我们却对此大赞不已，认为那是猫的魅力所在。不仅如此，这也是我们勇于面对现实的表现：接受动物永远无法全心全意为我们奉献的事实。

尽管杰罗姆和加利科赋予了猫人类的语言表现力，但他们表达出的猫科动物的感情令人信服，因此其作品仍不失真实性。同样，安吉拉·卡特在创作《穿靴子的猫》时，也将猫拟人化，以诙谐的方式重述了这个传统故事。当然，这与她对猫的仔细观察和感情沟通息息相关。靴猫仍是一个可怜男人的仆人，但猫在现代社会的地位有所提升，所以其形象就变成了风流倜傥的年轻士兵，且深知自己才能出众。他是整个故事的叙述者，巧妙地用诗一样的语言表达了自己的成熟老练和处世智慧。这一点在其分析攀爬各类建筑物的难度时体现得非常充分：如果是洛可可式的建筑墙面，猫可以轻易地从小天使的地方爬到花环的位置，但如果是帕拉第奥式建筑简洁的多利安圆柱，要想爬上去几乎是不可能的。靴猫会帮助主人填饱肚子（从市场偷东西），赢下赌局（纸牌游戏时跳到每个人腿上看牌，或者骰子点数不好时假装调皮地扑过去捣乱），还会帮他赢得芳心。后来，他的主人与一个老富商的妻子坠入爱河。嫉妒的老商人将妻子锁在家里，靴猫认为，要想让主人不再如行尸走肉一样，就得先治好他的相思病，可他的“治疗”方法是让两个人共赴巫山，因为在靴猫看来，这绝对是治疗爱情这种病的良药。靴猫先是想办法跟老富商的虎斑猫成了朋友，后来虎斑猫自愿找来了很多死老鼠和奄奄一息的老鼠放在家里。如此一来,老富商就不得不招募捕鼠人。当然，捕鼠人就是靴猫的主人假扮的,而靴猫则是帮手。借此机会，靴猫和主人来到了女主人的卧室，靴猫用假装抓老鼠的吵闹声掩盖了这对情人幸福的欢爱声。然而,让靴猫心烦的是，一夜之欢并不能让主人满足，他还是因为思念情人而日渐憔悴。于是,两只猫又开始计划。这次,虎斑猫绊倒了富商，富商滚下楼梯摔死了，所有财产都成了寡妇的。于是，寡妇便和靴猫的主人还有这两只猫快乐地生活在一起。在这个故事中，靴猫体现了猫的贪婪、不识好歹和狡猾——人类对猫的这些特征已心知肚明，但还会因此而赞赏猫。[5]

夏目漱石广受欢迎的小说《我是猫》的叙述者是一只和靴猫一样的猫，世故老到，才华横溢，消息灵通。这样的叙述者一下就能看透中产阶级知识分子的虚伪面目，是夏目漱石表达讽刺的有力工具。这只猫（没有名字）的主人苦沙弥先生（Mr Kushami）是一所初中的二流英语教师，但猫非常喜欢自己的主人："就算他愚蠢，也确实没什么建树，但还是我的主人……猫有的时候也是对主人很有感情的。"苦沙弥先生每天都把自己关在书房里，家人都以为他是勤奋好学——包括苦沙弥先生自己也这么认为。可悄悄溜进书房的猫却发现，苦沙弥先生正趴在书上呼呼大睡，绝对不是在小憩的样子。猫看到这样的场景便暗自思忖，自己下辈子也要当老师，毕竟这份工作根本不妨碍自己尽情睡觉。可即便如此（像各地的老师一样），苦沙弥先生认为老师是世界上最繁重的工作，还经常向朋友抱怨自己过度劳累。实际上，大部分人都有这种愚蠢的习惯："每次人们聚在一起，就会滔滔不绝地讲自己忙得脚不沾地……这种小题大做的样子，真让你觉得他们都会过劳死。"偶尔人们是真忙的时候,他们做的事也都是无关紧要的小事。“有些人说自己也想像猫一样轻松自在。但如果想过轻松的生活，那就过好了……反正也没人非得让他们忙得要死要活的。”有一次，一个富商的妻子闯进了苦沙弥寒酸的家，自认为丈夫的地位就能震慑苦沙弥，然而这个方法却没能奏效，因为苦沙弥坚信，就算商人拥有再多金钱，地位也绝超不过一名初中老师。借助猫冷静的描述，我们看到，双方的自负真是可笑至极。

尽管《我是猫》中的猫表现出了人们欣赏的那种冷静理智，镇定自若，但它身上仍保留了某些典型的日本特点。比如，它坚信自己三英寸长的尾巴具有魔力。更重要的是，它认为与西方的猫相比，自己更有良知，“主持正义，秉承人道主义的愿望”更为强烈。此外，猫因意外而丧命，暗示了日本传统的自杀方式。主人和朋友们一边喝啤酒一边聊天，大谈特谈。这场对话让猫觉得非常压抑，它为了宽心就喝掉了剩下的啤酒，结果喝醉的它掉进了雨水桶里淹死了。沉入水桶的过程中，它感叹自己终于进入了“神秘但美妙的平和之境”！[6]

我们放纵和欣赏猫的自由，同时也深感嫉妒。因为我们还尚未完全从维多利亚时代的禁锢中解脱出来，所以总会有无限遐思，思考动物的自由，思考它们为何能毫不犹豫、毫无顾忌地享受自由。正如罗伯逊·戴维斯（Robertson Davies）在《塞缪尔·马奇班克斯席间漫谈》（*The Table Talk of Samuel Marchbanks*）中所写的：

> 猫最大的魅力在于其无法无天的自我主义，在于其对待责任的那种“关我何事”的态度，对“以劳动得食”的厌恶。在这个国家，合作和金科玉律高于一切，可猫只对涉及自身利益的事感兴趣，轻视其他一切。然而，这种动物极力表现出温文尔雅、令人愉快的样子，甚至得到了“全国爱猫周”的礼遇。

在萨基（H. H. 芒罗）的《托伯莫里》（*Tobermory*）一书中，一只学会了如何说话的公猫可以从容沉着地表达自己的思想感受，可来参加聚会的人类客人们为了保持得体的形象，却只能将自己的真实想法隐藏起来，在毫无意义的尴尬中说些无足轻重的内容。整个场合中，唯有猫对自己的言谈举止毫无顾忌，所以只有它最逍遥自如。[7]

几篇短篇小说表现了猫的自由与人的束缚之间的可笑

对比。西奥多·斯特金（Theodore Sturgeon）所作讽刺故事《弗拉菲》（*Fluffy*，1947年）中的主人公身上就有猫的特征。兰瑟姆（Ransome）是个外表英俊的“寄生虫”，女房东是他的生计来源，可他同时也看不起她。兰瑟姆总是得和那个愚蠢的女人待在一起，可他很讨厌房东那只被宠坏了的猫弗拉菲。因为虽然兰瑟姆和猫一样自私自利，不知感恩，冷漠无情，虚伪造作，但猫比他更得宠。当兰瑟姆心里抱怨对房东厌烦透顶时，弗拉菲告诉他自己也有同样的感觉，还说自己在主人睡觉时真想把她掐死。说完后，猫优雅地迈着步子离去，只留下兰瑟姆独自承担后果——只有猫能凭借自己的魅力为所欲为。在罗伊·维克斯（Roy Vickers）的《佩斯利小姐的猫》（*Miss Paisley's Cat*，1953年）中，对猫的认同解放了一位饱受条条框框思想摧残的女性。佩斯利小姐生活困苦,她经常被周围更圆滑的人利用，还不得不忍受他们的嘲笑。后来，她收养了一只胆大丑陋的猫，而且很快就喜欢上了这只猫。在猫的影响下，佩斯利小姐找到了勇气，坚持理想，与市井小人抗争。最开始看到猫戏弄老鼠的时候，佩斯利小姐害怕极了，但后来她也逐渐对此产生了兴趣，和猫一起享受其中的乐趣。最后，残忍的邻居将猫吊死之后，佩斯利小姐带着猫科动物的敏捷和满足感，杀掉邻居完成复仇。在安·查德威克（Ann Chadwick）所作《史密斯》（*Smith*）中，一个穷困潦倒的先锋派作家变成了一只同样失意落魄的黄毛公猫。变成猫的他摆脱了作为人类作家时限制其发挥的审美标准，他口述的作品尽管都是拙劣庸俗的浪漫故事，却大获成功。这位作家由此获得了自信，成了一个极具魅力的人。[8] 将自己想象成猫，我们就能从作为人不得不遵从的不切实际的期望、道德自抑和社会压力中解放出来。

艺术家们可以利用猫科动物的独立来象征人类不受外界干扰的品质。在《猫》中，波德莱尔将内在自我，即自己的思想中未受到外界影响而保持了原生态的部分，形象化为一只在其脑海中游荡，好像主宰此地的猫。猫和内在自我是这首诗的灵感来源，它们都不受社会压力的控制和影响。乔伊斯·卡罗尔·欧茨在 1992 年所作的一篇序言中也详细地阐述了这一联系：由于猫披着“看似温柔”的外衣，但实则生性狂野，难以接近，所以能激发艺术家那种“不可获知、不可预测的精神核心……我们将之称为‘想象’或‘潜意识’”。[9]

在《猫解放论者：女性笔下的卡通猫》（*Kitty Libber :*

Cat Cartoons by Women，1992 年）中，女性与自己的猫伙伴仿佛相互平等，很多卡通形象都体现了猫与女性的角色互换，虽然很滑稽，但貌似很有道理。安德莉娅·娜塔莉（Andrea Natalie）的《虎斑猫梦见自己带着露易丝做绝育》（*Tabby Dreams She Takes Louise to Get Fixed*）讲述了四个猫大夫为一名女性做绝育手术的故事。其中一只猫还说："好啦！现在她不会总抱怨自己没男人了。"罗伯塔·格雷戈里（Roberta Gregory）笔下的玛菲（Muffy）因为抓挠立体声喇叭磨爪子而被主人呵斥，因而非常郁闷。它想缓和自己与主人的关系，便叼来了一只死老鼠当作礼物，还特意放在主人枕边，好让"主人知道这是专门为她准备的"。这个计划适得其反，于是玛菲的朋友斯玛奇（Smudge）忍不住感慨："有时候真是搞不懂人类……"

新平等主义带来的另一个影响是，猫常常伴随男性出现。20 世纪 80 年代之前出现的贺卡上，猫绝不会与男人同时出现，也绝不会代表任何年龄段的男人。然而，现在男人和猫同框出现的频率几乎与猫和女性同框的频率相差无几。如果是在过去，吉姆·戴维斯（Jim Davis）的《加菲猫》（*Garfield*）中的普通且传统的年轻男人乔恩（Jon）肯定会养狗。然而，现在加菲猫却成了乔恩最亲密的伙伴。乔恩走到门口，踌躇满志地自言自语：“我看单身也挺好的。”然而，下一幅漫画中写道：“但你就是不能忍受……”再下一幅中，加菲猫高兴地过来迎接他时，配图文字是：“你回家的时候，有人在等你。”

加菲猫是非常经典的形象，他喜欢舒适，十分挑剔，总想偷食物，总会巧妙地操纵乔恩和老实忠厚的大狗欧迪（Odie）。有时他拒绝乔恩的要求，有时则会满足乔恩的心愿。在最近一期漫画中（2005 年 6 月 27 日），加菲猫微笑着介绍了“人类最好的伙伴”。欧迪出现在画面上，讨好地抿嘴笑，口水滴下来，兴致勃勃的样子。最后一幅漫画中，加菲猫说：“你比我合适。”然而，正是因为加菲猫是只猫，连环漫画才显得更为睿智。要是戴维斯把加菲猫的形象换成小男孩，就会有过犹不及之感。加菲猫拆开圣诞节礼物的样子，大吃特吃巧克力曲奇的样子，还有坐在电视机前因无法专注而频繁换台的样子和人类没什么区别（但猫本应安静、无情、执着）。加菲猫并不多愁善感，但他和路易斯·韦恩笔下可爱的小猫一样，都被人格化了。尽管戴维斯在呈现中世纪传教士所认为猫的贪婪懒惰时运用了令人捧腹的手法，但加菲猫还是承担了传统动物的角色，象征着人类不肯承认的自我放纵的欲望。

乔恩对猫的喜爱可能也简单直白地表明，人们似乎放松了对性别角色的区分。不过，我们也发现，威武高大的男子同样会喜欢猫。在罗伯特·A. 海因莱因（Robert A. Heinlein）所作《夏之门》（*The Door into Summer*）中，故事叙述者命运多舛，个人主义情结严重。他最好的朋友就是一只公猫——仲裁者彼得罗纽斯——且这只猫比他更有男子气概。主人公奸诈的未婚妻第一次暴露自己卑鄙无耻的本性，就是通过她对皮特猫的态度表现出来的。未婚妻并不喜欢皮特,但她却装作一副喜欢猫的样子。更可怕的是，未婚妻为了省事，还提出要给皮特做节育手术。主人公深感不安,这个女人竟然要把“沙场老将变成太监”,还要把“猫变成炉边装饰”，于是他讽刺地说干脆自己也去做节育手术好了:“这样我就更温顺，整个晚上都会在家待着，而且再也不会跟你争吵了。”主人公对猫不只有认同之感，而且还将男性生殖器对男人的全部象征意义投射到了猫身上。J. D. 麦克唐纳（J. D. MacDonald）因一系列侦探小说而闻名，其主人公是威猛无畏的特拉维斯·麦基（Travis McGee）。开始，麦克唐纳还曾嘲笑说只有女人和男同性恋才会养猫当宠物，但后来却赞扬说，自己学习写作的过程中，猫带来了莫大的帮助。他是这样解释的，猫“偶尔对人类示好，

1917年美国坦克部队的征兵海报，石版画。罕见地把猫当作男子气概的象征

是为了回报其在家中获得的平等地位”，它们“默默坚持有序的生活，保持自己的习惯，按部就班地生活，这正代表了男性的独立和对原则的坚守，比起‘狗全心奉献’的方式，猫更能长期给人带来创作灵感”。[10]

日本人对猫身上颇有男子气概的自律精神早有崇拜。在传统故事《猫之妙术》（*Neko-myojutsu*）中，一位武士因一只大老鼠而饱受折磨。即便是在光天化日之下，老鼠也会出来在家里折腾，弄得人不得安宁。面对这样的老鼠，武士自己的猫避之唯恐不及，周围最勇敢、最善于捕鼠的猫也是如此。武士本想自己了结它，但大老鼠总能轻而易举地避开挥来的刀。最后，武士找到了一只因捕鼠技能超群而闻名的老猫。这只猫看上去和普通的猫没什么区别，而且一副漫不经心的样子，老鼠出现时，它只是端坐着，毫无行动，惹得老鼠越发猖狂，还对老猫极尽取笑。就在这时，老猫慢慢站起来，一下就咬住了老鼠的脖子，结果了它。在武士和众猫的恳请下，猫大师讲述了自己的捕鼠之策，其中最重要的就是自控力：慢慢研究对手，表面漠不关心，让对手放松警惕，之后突发制人，搏斗取胜。猫对自己行动的克制，观察对手时的耐心以及捕捉猎物时的英勇堪称日本武士的楷模。[11] 日本一档很受欢迎的电视节目就讲过一

喜多川歌麿（Kitagawa Utamaro，1753—1806年）：
《猫之梦》（*The Cat's Dream*），版画

个化名“睡猫”的武士的故事。

在村上春树的小说中，猫并不是榜样，只是能给人带来快乐的伙伴。实际上，猫扮演了人类密友的角色。在《奇鸟行状录》（*The Wind-Up Bird Chronicle*）中，冈田亨（Toru Okada）有序的生活在他的猫失踪后被打乱了，他的猫回来后，一切才又恢复如初。抚摩猫给冈田亨带来的快乐无与伦比，甚至和异性的亲密接触都比不了：“我很久都没再想起猫那种独特、柔软、温暖的触感了……抱着这只温柔的小生灵，让它卧在我腿上……看它安心地睡着，对我完全信任依赖，我只觉得胸中涌起一股暖流。”第二天晚上回家之后，“我把猫抱在膝头，双手感受着它的温暖与柔软。白天，我们没能一起度过，只有晚上回家的时候，才能享受团聚的快乐”。

在另一部作品《海边的卡夫卡》（*Kafka on the Shore*）中，15 岁的主人公田村卡夫卡（Kafka Tamura）与人并不亲近。一天，他见到了一只猫，便自然而然地停下脚步抚摩它。小猫“眯着眼，打起了呼噜。我们坐在台阶上待了很久，每个人都享受着对方带来的亲密感”。中田（Nakata）是位和蔼可亲的老人，他大脑受损，从某种程度上看，与卡夫卡很相似。中田老人第一次出现在小说中是与一只猫交谈，仿佛这是最平常不过的事情。自从他丧失了阅读能力和其他正常人的学习能力后，就逐渐学会了和猫交流。猫是中田老人唯一的朋友，只有猫才能理解他，只有对着猫，他才有说不完的话题。此外，猫还能帮助中田老人完成自己的工作——寻找走失的猫。中田老人对猫以礼相待，分外尊重；猫则认为能与自己交流的人不可能像人们说的那么傻。中田老人会和很多种猫聊天：大脑同样受损的流浪虎斑猫川村；聪明圆滑的暹罗猫咪咪——她说自己的主人喜爱歌剧，就用《波西米亚人》（*La Bohème*）中的某个人物给自己取了名。有一次，中田老人略带歉意地表示自己给一些无主之猫取名是因为人们需要名称和日期辅助记忆，听完，一只上了年纪的黑色公猫不禁对此嗤之以鼻，觉得这样很麻烦，因为猫不需要名字，“我们只要有味道、体态等自然特征就行了”。有一次中田老人和猫分享鳗鱼，尽管老公猫只吃过一次，还是在很久以前，但咪咪还是说老公猫不能总吃鳗鱼。[12] 双方的对话听上去非常自然，没有雕琢的痕迹，毫无矫揉造作之感。这些猫像真猫一样——自持、沉静、务实、直率。此外，若没有经历过较大的创伤，猫对人类也非常友好。除了语言能力，猫还为《海边的卡夫卡》以及村上春树其他的小说中超现实的氛围以及人类奇怪的动机增添了几许新奇且令人振奋的现实主义元素。

有些人认为猫是甜美无害的宠物或者可爱的孩子，有些人则认为猫是看似聪明的傻瓜。尽管对猫的刻板印象依旧存在，现在的我们更愿意理解和接受猫本来的样子。因此，无论是在回忆录中还是现实主义小说中，猫的性格都得以剖析，猫与人之间也有了平等的朋友关系。迈克尔·J. 罗森（Michael J. Rosen）的《猫的陪伴》（*The Company of Cats*）于 1992 年面世，其中很多故事的名字就颇具深意。故事中的主人公都认为和猫的关系是最让人舒适满意的社会关系，且作者在表现这一点时丝毫未带批评之意。

维多利亚时代的猫查蒂和雅各比纳受人喜爱，为人珍视，但它们依旧被视为宠物，而且爱猫的人常会因为对猫的感情而遭人蔑视。20 世纪的作品中，作者们会利用猫强化其主人的个性和境遇，而不必暗示猫需要主人恩惠。雷德克利芙·霍尔（Radclyffe Hall）的《施瓦茨小姐》（*Fräulein Schwartz*，1934 年）和多丽丝·莱辛（Doris Lessing）的《老妇人与猫》（*An Old Woman and Her Cat*，1972 年）都进一步拓展了猫与被社会遗弃的穷困老妇人之间的传统关系，从新的角度表现了人们和猫共有的品质及由此而产生的问题。独居的施瓦茨小姐是位和蔼可亲的德国妇人，住在伦敦的寄宿公寓中。她收留了一只流浪猫，并对其倾注了自己所有的感情。“一战”时期的艰难日子里，邻居都不再与施瓦茨小姐交好，最终他们的愤怒找到了出口——大家毒死了施瓦茨小姐的猫。这表明猫和女人同样无辜，同样没有恶意，同样不善于应对世界的敌对情绪。

多丽丝·莱辛的故事围绕着一对并不太平易近人的夫妻展开，但最后他们也赢得了人们的同情。海蒂（Hetty）是成衣商人，宁可露宿街头，也不愿屈就自己，寄住在有重重限制的养老院。她很喜欢一只曾遭受虐待的猫，将之视为自己唯一的朋友。一人一猫都不屑于保持整洁，不在意别人的尊重，蔑视法律和秩序。故事的最后，海蒂四处躲避有关部门，以免过上受制于人的生活，在饥寒交迫中离开了这个世界。她的猫则被捉住并“处死”了。井然有序的社会除掉了两个不受重视的成员，然而读者却从中认识到，处理这类不合规矩的人，应该使用更人性化的方法。上述两个故事都通过猫强化并阐明了故事中的主人公生活在一个冷酷的社会中，注定会悲惨地结束一生——无论是毫无反击之力的替罪羊施瓦茨小姐还是像海蒂一样无法改变的偏离社会规范的人。[13]

梅·萨藤（May Sarton）为自己的猫汤姆·琼斯（Tom Jones）写了一本传记《披着猫皮的人》（*The Fur Person*），这本书描述了猫的思想逐渐社会化的过程，表现了人与猫之间相互信任的关系。汤姆·琼斯最开始是一只流浪猫，对人类毫无感情，最后，他“放下了作为猫的那部分自我，接受了人类”。因此，他成了“超凡的琼斯先生，走在街头的他昂首挺胸，跟其他人和猫打招呼”，还成了“需要被人爱抚的猫，非常温柔，跟着两种声音（其人类主人的声音）在房子里跑上跑下，跑前跑后，以求人类的抚摩”。汤姆渐渐认为自己是“披着猫皮的人”，也就是说，他“既是猫也是人”；同时，他喜欢上了人类，也讨人类的喜欢，因为人类允许他保持“自己的尊严、内敛和自由”。“这部作品之所以能成型，主要是人类能把一部分自己想象成猫……就如同猫将自己的一部分想象成人一样”。[14]

我们现在已经接受了人与动物平等这一点，动物的感觉和要求非常重要，且不必过分夸大为人类的问题，所以小说家就能自由刻画猫的内心世界，不必再将人类的价值观投射到猫身上。17 世纪时，以猫之名写情书的法国贵族并没有真心考虑猫的感受：确切而言，他们是借助猫的口吻表达人类的感情，让人们注意到人与猫不同之处的幽默滑稽，并以此表现自己的风趣。两个世纪后，路易斯·帕特森（Louise Patteson）受一种愿望的真诚鼓舞，即要善待猫，且遗弃猫是一种恶行，完成了《小猫喵喵叫：猫的自传》（*Pussy Meow: The Autobiography of a Cat*，1901 年）这一作品。然而，帕特森在论证其主张时，却把猫描述成狗。举例来说，帕特森提出为猫取名非常重要，这样猫就知道自己被人需要，"可以马上站起来跑到主人身边"，也有了"高贵感和自尊感"，还能"有机会表现自己的聪明伶俐、驯顺依从"。帕特森表达了猫具有狗的意愿，想成为"优秀且有用的猫"，不过，这一点令人怀疑。[15] 除此之外，小猫还用来表示 19 世纪时年轻女性在性方面的懵懂：不知道自己的窝里怎么就多了六只小猫，毕竟离圣诞老人来发礼物还有一段时间。所幸，和维多利亚时代的母亲们一样，母猫天生就知道如何照顾这些小东西。

贝芙莉·克莱瑞（Beverley Cleary）的《索克斯》（*Socks*，1973 年）则从另一个角度出发，以令人信服的口吻表现了家猫的想法，表达了猫对人类婴儿加入家庭的想法：作者真实地表现了小猫天生的敌意，但这种敌意确实可以理解。尽管有剩下的婴儿配方奶粉当零食，但索克斯因为自己不再是主人的心头肉，所以很不开心。家里的三个人各自忙着满足自己的需求时，索克斯却想得到主人的关注，所以被扔出了门外。后来，索克斯发现，自己可以和婴儿一起玩耍取乐，还可以睡在婴儿的摇篮里。这个故事宣传的是19世纪的道德观，让孩子们不那么自私。其中蕴含的道理既适合讲给家中的大孩子听，也适用于宠物猫。这个故事给人的感觉非常真实，因为故事内容符合角色的天性，而且作者还表达了对这种感情的理解。

在《闪电猫》（*Blitzcat*）中，罗伯特·维斯托（Robert Westall）成功地通过猫的视角展现了战时的英国，同时让我们对猫的幸福及其追求幸福的过程甚为着迷。作者描述了“二战”时期猫穿越英格兰的回家之旅，以及其一路与人的相遇。作者呼唤人们对猫的同情，但并没有让人觉得非常伤感。猫只是对自己相熟的人有些依恋，寻找共鸣而已。故事中，猫离开了自己不喜欢的新家，回头寻找自己之前的家，希望能找到自己最喜欢的人，但它不知道的是，自己心里惦记的人已经跟着英国皇家空军一起离开了：

> 要想知道它脑子里到底想的什么几乎不可能，它已经习惯坚持自己的生活方式。它不喜欢吵闹，也不喜欢被人打扰。它讨厌贝明斯特（Beaminster）那个陌

> 生的家。那个家里都是女人和孩子，不是眼泪就是怒气。它讨厌酸牛奶和尿布的味道，讨厌房间里到处走的小孩子，总是不得安宁……它也讨厌没时间爱抚自己、陪伴自己的主人。它不喜欢剩菜剩饭，想要刚出锅的鱼……它要回到最初宁静的地方，回到能长时间独处的地方。在那里，下午漫长的时光中，阳光洒在床上，它可以在柔软光滑的床单上好好休息，也可以到厨房去，尽情享用鲜鱼和牛奶。[16]

尽管维斯托的描写从不诉诸牵强的情况或表现不像猫科动物的无私，但这只猫和很多人一起生活过，还尽力帮助了这些人。有个妇人的丈夫在战争中遇难，这只猫带着自己的小猫住进她的柴房，只是因为那是最方便的栖身之所。尽管那名妇人意志消沉，不想照顾这些猫，但她也没有眼睁睁地看着猫在自己家中饿死。最后，正是对猫的关心照顾，让妇人不再自私冷漠。不过，故事的结局却是令人震惊的讽刺性转变：猫终于完成了自己的追寻，我们看到的却是它的爱与执着被随意地抛弃。追寻之旅让它搭乘战斗机来到了欧洲大陆，但主人却为了遵守狂犬病检疫规定毫不犹豫地杀死了它。猫的目标及努力被忽视了，这种遗忘显得轻描淡写，但却表现了人们对动物的冷酷无情。虽然比起以往，我们更理解动物，也更愿意考虑它们的感受，但这种残忍依然存在。维斯托对猫内心世界的刻画入木三分，让我们意识到，猫作为独立的生命，也有自己的权利和感情。

令人爱恨交织的魔力

17 世纪晚期，把猫视作重要伙伴的思想在法国贵族圈子中还是刚刚兴起的时尚，但今天社会各个阶层都已认可了这一观点。当然，有些人也持反对意见。爱狗人士很难理解为什么有人已经养了一只狗后还想再养只猫。爱鸟人士则谴责猫会咬死小鸟，在控诉猫科动物的血腥无情时，他们更是疾言厉色。通常，这些道德家都会高估鸟类的死亡率，忘记捕食乃是自然规律。虽然啮齿类动物也受到了和鸟儿一样的对待，但并没有引起人们同样的怜悯。诚然，与鸣禽不同，老鼠有史以来就总是破坏人类的财物。即便在今天，有些人养猫也是为了捕获农场中的老鼠。在这种情况下，与其说猫是宠物，倒不如将之视为劳动者。

不过，现在猫最大的实际用途是实验室中的实验对象。毕竟，和之前一样，猫数量很多，且廉价易得。至少从1881年圣乔治·米瓦特（St. George Mivart）出版了教科书《猫：脊椎动物特别是哺乳动物研究入门》（*The Cat: An Introduction to the Study of Backboned Animals, Especially Mammals*）后，死猫就常用于学校及各大机构的解剖工作。现在，人们主要利用活猫进行范围有限的专业研究。与老鼠相比，猫的体形较大；与狗相比，猫体形较小且易于饲养。研究员克里斯蒂娜·纳夫斯特伦（Kristina Narfstrom）这样解释："狗需要每天外出活动才能保持开心的状态，但对于猫来说，只要笼子够宽敞，能和其他猫一起，能有玩具就可以了。"由于猫和狗都需要日常社交行为，克里斯蒂娜便让自己的学生与猫一起玩耍。

有些对猫的研究实则对其种群有益，如促进了疾病诊断和外科手术技术的发展，改善了糖尿病及关节炎的治疗方法，并推动了疫苗的研发。还有一些研究则有利于濒危野生猫科动物的生存，改善其日益加剧的不孕不育和近亲繁殖的问题。华盛顿国家公园的科学家们正利用家猫的卵母细胞研究保存猫科动物卵细胞的最佳方法，即将之冷冻在液氮中。如使用这一方法，几年之后也可以解冻液氮中

瑞士佚名《猫与金翅雀》（*The Cat and the Goldfinches*），19世纪早期作品

的卵细胞，并将其在试管中受精后植入另一只猫的子宫。一旦该项技术发展成熟，就可以用于促进猎豹等野生物种的繁殖。这项研究不会伤害进行此项试验的猫，因为研究人员使用的卵巢都来自进行绝育手术的母猫。

然而，大多数对猫的研究都是为了帮助分析人类的解剖学原理，为人类疾病的治疗做出贡献。诺贝尔生理学奖曾有八次颁发给以猫为实验对象的研究，这些研究的主要目的都是阐明人类神经系统的结构。大卫·H. 休伯尔（David H. Hubel）和托斯坦·N. 维厄瑟尔（Torsten N. Wiesel）获得了1981年的诺贝尔生理学奖，他们的贡献是解析了视网膜中的光感细胞将信号传递到大脑初级视觉皮层的复杂通路。这一发现有助于斜视的治疗。休伯尔和维厄瑟尔还发现，如果视觉刺激在较早的关键时期受阻，那么这些通路就会停止发育，就会对猫和人类造成永久性的视觉障碍。纳夫斯特伦正在研究的是阿比西尼亚猫的视网膜移植及干细胞疗法的有效性。这些猫有遗传性感光细胞紊乱症，与人类的视网膜致盲性色素变性症类似。猫之所以适合作为视觉系统研究的首选实验对象，是因为猫眼和人眼一样，拥有双焦视觉，且其眼睛大小与人眼大小非常接近。如此，人们就可以利用这一点发展外科技术，开发相关工具，提高人类眼科手术的水平。对猫的研究积累了大量珍贵的数据，为人类神经系统的研究提供了许多类似案例。

猫有某些遗传性免疫缺陷疾病，这些病与人类的同类疾病非常相似。因此，猫可以在此方面做出贡献，作为研究这类疾病基因起源、发病阶段及治疗手段的对象。猫科动物的免疫缺陷病毒（FIV）与人类的艾滋病病毒极为相似，对猫免疫缺陷病毒的研究有助于有效阐述人类艾滋病病毒的发病机制，且为前者研制的疫苗或许适用于人类的艾滋病病毒。此外，由于感染该种病毒的猫的抗病能力通常比人类对艾滋病病毒的抗病能力强，所以，对猫科动物免疫系统的研究可能有助于人类免疫系统对艾滋病病毒进行控制的研究。研究员们不能有意令人感染病毒，但可以对猫行此举，所以他们可以把猫当作实验对象，通过精准控制感染的性质和时间，仔细分析疾病的发病过程。在对遗传性疾病的研究方面，通过猫进行研究更为简便，因为猫的繁殖速度非常快。一名研究人员通过对猫进行剖腹产手术，研究处于不同阶段的猫的胎儿，可以更好地了解艾滋病病毒的母婴传播情况。还有其他研究方案分别在猫出生时、八周大时和成年后注射免疫缺陷病毒，“比较不同情况下免疫缺陷和神经受损情况”。[1]

遗憾的是，并非所有猫科动物经历的痛苦都能有合理的解释，被证明可以帮助人类，或是带来实用的知识。1954 年，耶鲁大学的研究员们对猫反复进行高温试验，引起多次抽搐反应，发现高温状态下，猫身上出现的症状与同等条件下人类及前一批经此试验的小猫一致。1972 年，布朗大学的研究员们通过反复挤压公猫的睾丸，检验猫的反应是否与男人的反应一致——结果显而易见，猫也会产生“痛苦的反应”。同年，佛罗里达州立大学的两名科学家认为猫“是很难控制的行为主体”，但他们希望能利用这种“极其特别的有机体……进行感官试验”。此外，他们还骄傲地宣称已设计出一项技术，能让猫科动物放弃抵抗，而这项技术竟然包括饥饿及持续电击等手段。[2] 如果研究员们仍能自行决定以动物为主体的实验方式，那类似情况还将发生。

另一方面，公众对宠物感情的与日俱增，对动物权利的日益关注，引发了人们对利用猫或狗进行实验的强烈抗议。19 世纪的笛卡尔主义者克劳德·伯纳德（Claude Bernard）在没有麻醉的情况下解剖了猫和狗这两种动物，认为号叫不止、挣扎不停的猫不过是一台机器。在科学进步面前，猫的痛苦不过是多愁善感的体现，令人厌恶。现在，研究员们认识到，应尽量减少动物实验，尽量用其他模型代替动物，并尽力在试验要求允许的范围内更为人道。人们已经发现，如果动物得到较好的照顾，生活环境带来的压力较小，那么得到的实验结论就更为可靠。至于猫和狗作为动物试验主体的数量已大量减少，美国及英国各实验室中，这一指标也降至千分之五以下。

目前，猫超过了狗，成为人们的首选宠物，这在历史上还是第一次。1980 年,英国家养狗的数量是家猫的两倍多。但到了 1995 年，家猫的数量比狗多了 40 多万只。2002 年的最新数据显示，宠物猫的数量约为 750 万只，宠物狗的数量则约为 610 万只。1981 年的美国，狗的数量为 5383.1 万只，猫的数量为 4457.9 万只，但到了 2003 年，猫的数量达 7803.8 万只，狗的数量仅为 6127.8 万只。[3] 数据的背后确实有现实原因——猫与狗相比，更适合生活在整天无人在家的小公寓里。但更重要的原因是，人们终于意识到，猫也可以成为给人带来快乐的家庭成员。

现在，爱猫人士再也不用为自己以猫为宠物这件事进行过多解释，他们只为这种选择感到自豪。著名历史学家 A. L. 罗斯（A. L. Rowse）写了一本书，讲述了自己对小猫彼得（Peter）的喜爱之情。他将关于彼得的每一个细节都昭告天下：它喜欢海绵蛋糕渣，喜欢罗斯对它说悄悄话。有些蠢女人为了讨罗斯的欢心而向猫示好，彼得并不喜欢罗斯与这样的女人在一起。罗斯感慨道："好像我更喜欢那些女人而不是自己的猫一样。"[4] 克利夫兰 · 艾莫里（Cleveland Amory）根据自己的宠物猫北极熊（Polar Bear）创作了三本约 250 页的畅销书：《来过圣诞节的猫》（*The Cat Who*

Came for Christmas，1987 年）、《猫与坏脾气的家伙》（*The Cat and the Curmudgeon*，1990 年）以及《天下第一猫》（*The Best Cat Ever*，1993 年）。除了有趣的细节和精准的观察，有些章节还随意增加了一些内容，比如，如何给猫起名，北极熊的星座会是什么等。此外，书中还讲了很多关于这个可爱的、坏脾气的家伙的故事。在作者眼中，猫拒绝顺从或合作显然是一种可爱的表现。不能领会北极熊这种可爱之举的人，必定是榆木疙瘩，没什么头脑。

第一本完全以猫为主题的书是弗朗索瓦–奥古斯丁·帕拉迪思·德·蒙克利夫（François-Augustin Paradis de Moncrif）的《猫的历史》（*History of Cats*，1727 年）。这本书半是严肃的研究理论，半是俏皮的连珠妙语，讲述了古埃及人对猫的崇拜，对猫遭遇的种种责难进行辩护，例如，性格孤僻、为猫不忠、帮助女巫，等等，还对猫的独立、活泼和优雅表示赞赏。然而，作者为了保护自己，免得被误以为是愚蠢庸懦之人，便提出了一些令人捧腹的观点：比如，赞美猫叫如美妙的乐曲，并以嘲弄的口吻讲述了一个悲剧性的浪漫故事，故事以无情的邻居将公猫阉割结尾。即便如此，从当时人们的反响来看，蒙克利夫对自己的保护仍然不够。毕竟在当时那个年代，大部分人仍将猫视为无关紧要的动物，养猫只是因为猫有实际作用而已。尽管这本书广受欢迎，但蒙克利夫作为学者和作家的形象还是因此严重受损。

虽然蒙克利夫这本轻松的书让他在此后的职业生涯中都不免受人嘲笑，但尚弗勒里（Champfleury）于1868年出版的严肃却空洞的《猫》（*Cat*）却获得了不应有的盛名，这大抵是运气好的缘故吧。与尚弗勒里同时代的英国人查尔斯·亨利·罗斯（Charles Henry Ross）认为，自己出版关于猫的书确实需要承担一定风险，但他的作品《关于猫科动物的事实与想象》（*Feline Facts and Fancies*）却受到了人们的广泛欢迎。

目前，似乎只要哪本书里出现“猫”这个字眼，就一定会畅销。比如《犹太猫之书》（*The Jewish Cat Book*，1983年）、《猫用法语》（*French for Cats*，1992年）以及其他几本关于猫科动物星座的书——后者一本正经地分析了白羊座的猫所具有的性格特点，并讲述了星座学基础。此外，所有侦探小说中，至少有一半都以一两只宠物猫为灵感。莉莉安·杰克逊·布劳恩（Lilian Jackson Braun）出版了一系列畅销书，书名都采用了“那只……的猫”（*The Cat Who...*）的结构。作者在书中刻画了一个勇敢机智的侦探形象，这名侦探对自己两只淘气的暹罗猫十分宠爱，书中大量篇幅都描述了猫可爱的举止。就连斯蒂芬·塞勒（Steven Saylor）所著《血腥罗马》（*Roman Blood*，1991 年）中那名古罗马侦探也有一只猫，是其埃及仆人的宠物。日本的文学作品中也是如此，猫也经常出现在畅销的侦探故事中，比如仁木悦子（Niki Etsuko）的《只有猫知道》（1957 年）以及赤川次郎（Akagawa Jiro）的“三色猫福尔摩斯”系列。

克林顿夫妇的索克斯并不是第一只入住白宫的猫，但是第一只广受公众关注的猫，经常出现在各大政治漫画和《华盛顿邮报》（*Washington Post*）的名人活动专栏中。根据 T. S. 艾略特（T. S. Eliot）为朋友之子写的打油诗集《老负鼠的群猫英雄谱》（*Old Possum's Book of Practical Cats*）改编的音乐剧《猫》（*Cats*，1981 年）大获成功。后来，吉姆·戴维斯笔下胖乎乎的加菲猫每天会出现在 1300 份报纸上，且带动了数百万美元的产业，包括图书、衬衫、马克杯及贺卡等。现在，《华盛顿邮报》上的漫画页还在连载关于宠物猫和宠物狗的五幅连环画，其中的猫展现了典型的老练世故和主导支配的一面——例如《毛团》（*Get Fuzzy*）、《皮尔克斯》（*Pickles*）、《鹅妈妈和格里姆》（*Mother*

Goose and Grimm）、《傻瓜》（*Mutts*）和《加菲猫》（*Garfield*）等。此外，《无论好坏》（*For Better or Worse*）中的成年女儿将自己收养的猫带回了家，还把它介绍给家中的狗狗。在《大纳特》（*Big Nate*）中，纳特一而再，再而三地想捉弄朋友的猫，可每次的结果都是让自己闹笑话。在《萨利·福斯》（*Sally Forth*）中，福斯的爸爸妈妈放弃了期待已久的巴黎之旅，因为需要3400美元为家里的小猫做手术。这只小猫在女儿眼里是无价之宝，爸爸妈妈不忍让她伤心难过。

安德鲁·劳埃德·韦伯（Andrew Lloyd Webber）的音乐剧《猫》（*Cats*）中的一个场景，1981年

《华盛顿邮报》上的漫画。1994年12月8日，深陷政治危机的总统比尔·克林顿遭受了致命一击——猫也离他而去

杜本内酒的广告，约1895年

巴黎黑猫酒吧的纪念特刊，约1915年

国际发酵粉大赛的广告，约1885年。发酵粉的威力很大，胀大的面团竟然顶起了一只不安的猫

TO MAKE YOUR ENGINE PURR...USE ETHYL

1919—1931年的乙基汽油广告："让发动机永葆舒适。"

自1933年以来，小猫切西（Chessie）为切萨皮克及俄亥俄铁路舒适的卧铺车厢代言多年

猫从一开始就是电影的宠儿。小猫菲利克斯是个足智多谋的“小男人”，和《列那狐》中的雄猫蒂贝尔一样。他是最早的动物卡通明星之一，约于1914年出现。不过，其地位后来被华特·迪士尼（Walt Disney）的米老鼠所取代，且米老鼠的风靡为猫在动物电影中的反派形象奠定了基调。20世纪30—40年代的《猫和老鼠》（*Tom and Jerry*）实际上有虐待狂倾向。杰瑞鼠聪明机智，总能赢过欺凌弱小的汤姆猫，故事的结局也总是汤姆被压扁或被打得满地找牙。然而，迪士尼经典电影《猫儿历险记》（*The Aristocats*，1970年）中的主人公是一只优雅的白猫妈妈，她带着自己的孩子们从工于心计的管家手里逃了出来，被健壮的公猫奥马利（O'Malley）营救。《怪物史莱克2》（*Shrek 2*，2004年）的制作者们巧妙地引入了靴猫的形象，以期增强续集的吸引力，获得与上一部一样的成功。

考虑到猫总是不太配合，所以所有实景真人电影中，有猫出现的场景都尽量使用实拍手法。20世纪20年代，当一只灰色的流浪猫爬过破旧的楼板出现在麦克·森尼特（Mike Sennett）的喜剧拍摄场景中时，导演独具慧眼，立刻就察觉到将之收入电影中的妙处。导演让女演员往咖啡里倒奶油的时候故意洒出来一些，于是猫小心翼翼地闻了闻奶油，然后用爪子蘸了一点。这一场景广受称道。后来猫得名佩珀（Pepper），又参演了多部电影，有的时候甚至还和一只小白鼠和平共处。猫一直为电影增光添彩，在《飞天万能床》（*Bedknobs and Broomsticks*，1971 年）和《铃铛、书籍和蜡烛》（*Bell, Book, and Candle*，1958 年）中，它们是女巫的好伙伴；在《蒂凡尼的早餐》（*Breakfast at Tiffany's*，1961 年）中，它们是从不循规蹈矩的女主人公的好友；在《异形》（*Alien*，1979 年）中，它们是注定毁灭的宇宙飞船中无畏的指挥官；在《大黄》（*Rhubarb*，1951 年）中，它们甚至成了喜剧科幻电影的主角，接管了棒球队。然而，导演必须得展现猫科动物最自然的状态，比如徘徊、大叫或蜷在人怀抱中的样子。健壮的黄纹公猫奥兰奇（Orangey）因在《大黄》和《蒂凡尼的早餐》中的出色表现而获奖，可它做的只是让人们把自己抱起来、在人们的肩膀上跳上跳下、趴在高高的架子上或警惕地看着移动的物体而已。

有的时候，猫自然的举止可以带来更精彩的效果。马龙·白兰度（Marlon Brando）在《教父》（*The Godfather*，1972 年）中长时间抚摩猫的场景，完美地衬托出他绝非善类，低调但颇有权术。人和猫相互照应，面对前来祈求的人，他们都表现出冷静的优越感。《奇怪的收缩人》（*Incredible*

马龙·白兰度在电影《教父》中

《奇怪的收缩人》中的主人公收缩至两英寸高，住在洋娃娃的房子里，且被自己的宠物猫追捕。这只猫现在于他而言已是可怕的捕食者

行为矛盾的猫。保罗·高更（Paul Gauguin）的水彩素描《关于猫之多面性的研究》（*Study of Cats and a Head*），约1897年

Shrinking Man，1957 年）中有一个让人不寒而栗的场景。电影的主人公收缩到两英寸高时，正有一只家猫跟在他身后（猫这段凶相毕露的表演，实际是由面前够不到的小鸟激发出来的）。但一般让猫出现在恐怖电影中，效果总会令人失望。《宠物坟场》（*Pet Sematary*，1989 年）中复活的恶魔猫丘吉尔（Churchill）就是非常普通、毫不讨喜的猫。《猫煞夺命》（*Strays*，1991 年）中的魔鬼公猫带着一群猫谋杀人类，但导演似乎并没有着力刻画猫的行为使之更可信，也没有挖掘猫科动物潜伏、跟踪和突袭时令人恐惧的表现力。

无论从流行风尚的角度，还是从可爱的陪伴者的角度来看，猫的人气之高已达到了前所未有的程度。它们之所以让人如此着迷，主要是给人留下的一种看似矛盾的印象：温柔、美丽的宠物随时都可能变成一只小老虎。虽然猫卧在沙发上微笑着放松，一副平和温顺的样子，可如果有小动物出现，它们就会立即行动，表现出野生猫科动物捕食时所展现的敏锐的洞察力和优秀的协调性。如感觉受到威胁，猫立刻就会变成可怕的斗士，张牙舞爪，毛发竖立，伸出利爪，龇牙咧嘴。在《怪物史莱克 2》中，靴猫的出现是为了杀掉史莱克，毕竟在佩罗的原著中，靴猫就已经展现了杀死怪物的能力，所以电影便也利用了靴猫的这一特征。靴猫表面凶恶，总爱虚张声势，真的无法战胜对手时，他就会瞪着对手，让对方望而却步，不战而走，毕竟无论谁都无法抗拒那双大眼睛透出的坚定自信的目光，更何况靴猫的整个眼睛都似乎被黑亮晶莹的瞳孔所填满。

摆出战斗姿态的猫确实让人心惊胆战，但小憩的猫却有助于舒缓我们的神经。猫科动物的泰然自若、气定神闲绝非人类可比，但看着家中的猫，我们总能感受到它身上散发的这种气息。斯马特（Smart）这样描写自己的爱猫杰弗里（Geoffry）："行动时迅猛敏捷，充满活力；休息时悠然自在，静美安和。"马克·吐温在《傻瓜威尔逊》（*Pudd'n-head Wilson*）中描绘了一个田园牧歌式的美国村庄，村子里都是白色的木屋，窗台上摆放着一盆盆花，还有一只猫——

> 舒展着身体酣睡，无忧无虑。她毛茸茸的肚皮晒着太阳，一只爪子挡在鼻子前。这样的家才算是完整，其中的满足感和安宁感因猫的存在而昭然于世，毕竟以猫为证永不会有任何错漏之处。如果家里没有猫——如果家里的猫喂养不足，爱抚不够，未得尊重——那

么就算是完满幸福的家庭，又能通过什么来证明呢？

(的确，这其中可能有讽刺的意味，因为村民都是狭隘的伪君子，其幸福感都建立在奴隶制带来的好处上。但从另一个角度看，猫根本无须考虑这些道德方面的问题。）顽皮的猫精力充沛，其跳跃和突击总能给我们的心灵注入活力，而温和的猫静卧时也总能为我们带来慰藉和安宁。正如乔安娜·贝利（Joanna Baillie）所说，猫的“凶残”带着狂野但优雅的气息，从疲惫的农夫到学者，从伤心孤独的遗孀到意志坚定的厌世之人，无一不为之着迷。[5]

猫这种优雅、沉静的动物似乎天生就适合待在客厅，供人欣赏，但它们同样也会徘徊在屋顶和下水道中。它们拥有端庄高贵的形象，但同时也是狡猾的掠食者，随时准备捉鱼捕鼠。猫如此美丽，如此温婉，如此内敛，甚至比人类更讲究，更难以取悦。像前述罗斯与柯莱特作品中的阿兰一样的爱猫人士喜爱猫胜于女性，并以此而颇为自豪。柯莱特本人也犯了同样的错误，将人类的敏感投射到猫的身上，最后还诙谐地描述了自己的醒悟。柯莱特带着自己矜持娇贵的蓝眼睛波斯猫希拉（She-Shah）去了住满粗俗工匠的村屋，结果猫不见了，她急得发疯：猫肯定是被工匠

泰奥菲勒-亚历山大·斯泰因勒的素描，母猫与小猫

泰奥菲勒-亚历山大·斯泰因勒的迷人之作：《猫与青蛙》（*The Cat and the Frog*），1884年

们给吓跑了。后来，柯莱特找到了自己的猫，发现它坐在一群正在吃午饭的脏兮兮的工匠中间：

> 她就在那儿，微笑着，很自在，尾巴翘起，胡须打卷，周围全是咒骂声和粗犷的笑声。希拉，神圣的希拉，狼吞虎咽地吃着奶酪皮、腌培根和香肠皮，高兴地呼噜呼噜叫，追着尾巴转圈，向这些泥瓦匠示好。[6]

整洁、娴静的猫看似比躁动不安的狗更平和，更有规律，它们毫不在意人类的规矩，所以能享受狗和人类无法企及的自由。这个看似可爱、真诚、友好的伙伴有时也会沉浸在自己的世界中，让人捉摸不透。尽管与我们同处一个屋檐下，分享着我们舒适的生活条件，喜欢我们的陪伴，但比起其他被驯化的动物，猫仍保留有自己的野性。迈克尔·汉伯格（Michael Hamburger）提到自己那只“精致但强壮的伦敦公猫”时称，“他把装满家具的公寓当成了树木葱郁的丛林”。[7]

猫呈现给我们的是多种相互矛盾的形象。它们与我们亲近，但同时又非常独立、深沉，与我们保持着一定距离，这些激发了文学家和艺术家的灵感，使之创造出极具想象力的作品。狗还有其他家养动物都想尽办法与我们亲近，向人类袒露自己所有的情感，所以我们会将其视为小孩——它们身上没有猫那样的魅力，所以文学作品中的狗，其形象都非常写实，没有想象或象征的成分。但施瓦茨小姐的猫卡尔·海因里希（Karl Heinrich）是温柔的小宠物；奥努瓦夫人的白猫是讲究的贵族；靴猫是聪明的小骗子；海因莱因的猫彼得罗纽斯是凶悍之人强壮的伙伴；斯特金笔下的弗拉菲是冷血杀手；加菲猫是胖乎乎的享乐者；萨基笔下的托伯莫里是自信冷静的典范。或许，猫身上充满了神秘的力量，可能像苏斯博士笔下的“戴帽子的猫”一样带来惊险的奇遇，也可能像爱伦·坡笔下的黑猫一样带来残忍的复仇。

皮埃尔-奥古斯特·雷诺阿：《天竺葵与猫》（*Geraniums and Cats*），1881年，布面油画

猫的年表

约 200 万年前	约公元前 2000 年前	约公元前 1450 年	约公元前 950 年
家猫的祖先野猫，从其他猫科动物中分化出来	猫在古埃及被驯化;猫首次被记录时被称为“miw”	猫的形象经常出现在埃及墓室墙壁的绘画中	地方猫神巴斯泰托成为古埃及的国家级女神

公元 350 年	公元 4 世纪	公元 500 年	公元 9 世纪
在帕拉狄乌斯关于农业的论述中，“catus”一词首次出现	家猫传入英国	猫出现在印度故事集《五卷书》中	“潘歌嘭”首次体现了人们对猫的喜爱之情

1727 年	1749—1767 年	1821 年
第一本描写猫的书——帕拉迪思·德·蒙克利夫的《猫的历史》	布丰在其《自然史》中谴责猫的道德品质	英国国会讨论保护马匹不受虐待的法案时，一名议员嘲讽地提出也将猫纳入保护范围内，于是全场笑翻

1899 年	1906 年	1910 年
凡伯伦称赞猫不适合作为炫耀性消费的对象	美国猫迷协会成立	英国猫迷管理委员会对全国的猫迷俱乐部实行统一管理

公元前 5 世纪

希罗多德记录了古埃及的家猫

公元前 4 世纪

亚里士多德谴责母猫的放荡

公元前 200—公元 200 年

猫可能传入中国

公元 10 世纪

威尔士国王豪厄尔达在法典中根据猫的捕鼠能力确定了猫的货币价值

1558 年

伊丽莎白女王的加冕游行中，猫被塞进教皇的塑像中活活烧死

1620 年

清教徒搭乘“五月花”号将第一只家猫带到美国

1713 年

亚历山大・蒲柏发表文章批评对猫的虐待行为

1832 年

猫作为主要角色出现在鲍沃尔－李敦的小说《尤金・阿拉姆》中

1871 年

第一次猫类展览在伦敦的水晶宫举办

1879—1880 年

皇家防止虐待动物协会未将猫的形象包含在女王仁慈勋章的设计中，于是维多利亚女王亲手在勋章上画了一只猫

1895 年

美国的第一次猫类展览在纽约的麦迪逊广场花园举办

1916 年

马萨诸塞州的鸟类学家爱德华・豪・福布什（Edward Howe Forbush）在一份官方报告中谴责猫是杀死鸟类的凶手

1981 年

根据艾略特的《老负鼠的群猫英雄谱》改编的音乐剧《猫》大获成功

1993 年

美国宠物猫的数量首次超过宠物狗

1995 年

英国宠物猫的数量首次超过宠物狗

征引文献

Wildcat to Domestic Mousecatcher

1 Robert Darnton, *The Great Cat Massacre and Other Episodes in French Cultural History* (New York, 1985), p. 103.

2 David Alderton, *Wild Cats of the World* (New York, 1998), pp. 78, 84–5; Alan Turner, *The Big Cats and Their Fossil Relatives: An Illustrated Guide to Their Evolution and Natural History* (New York, 1997), pp. 25–6, 30, 34, 36, 99, 106; R. F. Ewer, *The Carnivores* (Ithaca, ny, 1973), pp. 360–61, 374, 375.

3 John Seidensticker and Susan Lumpkin, *Cats: Smithsonian Answer Book* (Washington, dc, 2004), pp. 8, 15, 17, 20–21, 131–3; Ewer, *Carnivores*, p. 57; Paul Leyhausen in *Grzimek's Encyclopedia of Mammals* (New York, 1990), vol. iii, pp. 576, 580.

4 Roger Tabor, *The Wildlife of the Domestic Cat* (London,

1983), p. 191; Seidensticker and Lumpkin, Cats, p. 182.

5 Aristotle, *Historia Animalium* (4th century bc), trans. A. L. Peck (Cambridge, ma, 1965), vol. ii, pp. 103, 105.

6 Plutarch, 'Isis and Osiris', in *Moralia*, trans. Frank Cole Babbitt (Cambridge, ma, 1957), vol. v, pp. 149–51; Claire Necker, *The Natural History of Cats* (South Brunswick, nj, 1970), p. 82.

7 Pliny the Elder, *Natural History* (1st century ad), trans. H. Rackham (Cambridge, ma, 1956), vol. viii, p. 223; Palladius, *The Fourteen Books of Palladius Rutilius Taurus Aemilianus, on Agriculture*, trans. T. Owen (London, 1807), p. 162.

8 'Cat', in *Encyclopedia Iranica* (1992), vol. v, p. 74; *Shahnama of Firdaosi*, trans. Bahman Sohrab Surti (Secunderabad, Andrah Pradesh, India, 1988), vol. vii, pp. 1560–63; Abbas Daneshvari, *Animal Symbolism in Warqa Wa Gulshah* (Oxford, 1986), pp. 36, 39–40.

9 Chang Tsu, 'The Empress's Cat', Wang Chih, 'Chang Tuan's Cats', in Felicity Bast, ed., *The Poetical Cat* (New York, 1995), pp. 21, 87.

10 'Cats', 'Sarashina nikki', *Kodansha Encyclopedia of Japan* (1983), vol. i, p. 251, vol. vii, p. 21; Murasaki

Shikibu, *The Tale of Genji*, trans. Arthur Waley (New York, 1960), pp. 647, 648.

11 Martin R. Clutterbuck, *The Legend of Siamese Cats* (Bangkok, 1998), p. 57.

12 *Ancient Laws and Institutes of Wales*; *comprising Laws supposed to be enacted by Hywel the Good* (1841), pp. 135–6, 355.

13 Dominique Buisson, *Le Chat Vu par les Peintres: Inde, Corée, Chine, Japon* (Lausanne, 1988), p. 32.

14 Aesop, *Fables*, trans S. A. Handford (Harmondsworth, 1964); *Pancatantra, The Book of India's Folk Wisdom,* trans. Patrick Olivelle (Oxford, 1977), Bk iii, Sub-story 2.2.

15 In Joyce Carol Oates and Daniel Halperin, eds, *The Sophisticated Cat* (New York, 1992).

16 In Frank Brady and Martin Price, eds, *English Prose and Poetry 1660–1800* (New York, 1961), p. 537.

17 In Claire Necker, ed., *Supernatural Cats* (Garden City, ny, 1972).

18 Geoffrey Chaucer, *The Poetical Works*, ed. F. N. Robinson (Boston, 1933), p. 113; Bartholomew Anglicus, *Medieval Lore ... Gleanings from the Encyclopedia of Bartholomew*

Anglicus (c. 1250), ed. Robert Steele (London, 1893), pp. 134–5; G. R. Owst, *Literature and Pulpit in Medieval England* (Oxford, 1966), p. 389.

19 William Shakespeare, *The Merchant of Venice*, iv.i.55, *Much Ado about Nothing*, i.i.254–5, *A Midsummer Night's Dream*, iii.ii.259, *The Rape of Lucrece*, 554–5, *Macbeth*, i.vii.44–5.

20 D. R. Guttery, *The Great Civil War in Midland Parishes: The People Pay* (Birmingham, 1951), p. 38; A. Gibbons, *Ely Episcopal Records* (Lincoln, 1891), p. 88.

21 Thomas Aquinas, *Summa Theologica* (1265–74), trans. Laurence Shapcote (Chicago, 1990), vol. ii, pp. 297, 502–3; René Descartes, *Discourse on Method* (1637), ed. and trans. Paul J. Olscamp (Indianapolis, 1965), p. 121; letters to Mersenne, *Oeuvres*, ed. Charles Adam and Paul Tannery (Paris, 1899), vol. iii, p. 85.

22 Karen Armstrong, *Muhammad: A Biography of the Prophet* (San Francisco, 1992), p. 231; *Sahih Bukhari* 1.12.712; *Sunan Abu-Dawud* 1.75, 1.76 (from website www.usc.edu/dept/msa/reference/searchhadith); Annemarie Schimmel's introduction to Lorraine Chittock, *Cats of Cairo: Egypt's Enduring Legacy* (New York, 1999), pp. 6–7, 63.

23 *Guardian*, no. 61 (1713), in Alexander Pope, *Works*, ed. Whitwell Elwin and William John Courthope (New York, 1967), vol. x, p. 516.

24 Edward Moore, *Fables for the Ladies* (1744) (Haverhill, 1805), p. 31.

25 St George Mivart, *The Cat: An Introduction to the Study of Backboned Animals, Especially Mammals* (New York, 1881), p. 1; Thorstein Veblen, *Theory of the Leisure Class* (1899), in Claire Necker, ed., *Cats and Dogs* (South Brunswick, nj, 1969), pp. 293–4; Edward G. Fairholme and Wellesley Pain, *A Century of Work for Animals: The History of the rspca, 1824–1924* (London, 1924), pp. 94–5.

The Magic of Cats, Evil and Good

1 Joyce Carol Oates and Daniel Halperin, eds, *The Sophisticated Cat* (New York, 1992), p. 244.

2 Russell Hope Robbins, *The Encyclopedia of Witchcraft and Demonology* (New York, 1963), p. 489; Hamish Whyte, ed., *The Scottish Cat* (Aberdeen, 1987), pp. 51–3; Elizabeth Gaskell, *North and South* (Harmondsworth, 1970), p. 477.

3 In Katharine M. Briggs, *Nine Lives: The Folklore of Cats* (New York, 1980).

4 Robbins, *Encyclopedia*, pp. 89–91.

5 George Lyman Kittredge, *Witchcraft in Old and New England* (New York, 1958), p. 177; John Putnam Demos, *Entertaining Satan: Witchcraft and Culture in Early New England* (Oxford, 1982), pp. 141, 147.

6 In Claire Necker, ed., *Supernatural Cats* (Garden City, ny, 1972).

7 In F. Hadland Davis, *Myths and Legends of Japan* (Singapore, 1989), pp. 265–8.

8 Dominique Buisson, *Le Chat Vu par les Peintres: Inde, Corée, Chine, Japon* (Lausanne, 1988), pp. 114–17.

9 In Lafcadio Hearn, *Japanese Fairy Tales* (New York, 1953).

10 Kathleen Alpar-Ashton, ed., *Histoires et Légendes du Chat* (1973), pp. 25, 41–2. The story of Jean Foucault is in Alpar-Ashton; 'Owney' is in William Butler Yeats, ed., *Fairy and Folk Tales of Ireland* (New York, 1973).

11 John Seidensticker and Susan Lumpkin, *Cats: Smithsonian Answer Book* (Washington, dc, 2004), p. 189; Ambroise Paré, *Collected Works*, trans. Thomas Johnson (New York,

1968), p. 804.

12 Edward Topsell, *The History of Four-Footed Beasts and Serpents and Insects* (New York, 1967), vol. i, pp. 81, 83.

13 Joseph Addison, *The Spectator*, ed. G. Gregory Smith, Number 117 (London, 1950), vol. i, p. 357.

14 Scott in Robert Byrne and Teressa Skelton, *Cat Scan: All the Best from the Literature of Cats* (New York, 1983), p. 46; Edgar Allan Poe, 'Instinct vs. Reason', in *Collected Works*, ed. Thomas Ollive Mabbott (Cambridge, ma, 1978), p. 479.

15 Charles Pierre Baudelaire, *Oeuvres complètes,* preface by Théophile Gautier (Paris, 1868), vol. i, pp. 33–5.

16 H. P. Lovecraft, *Something about Cats and Other Pieces*, ed. August Derleth (Sauk City, wi, 1949), pp. 4, 8.

17 Poe, *Works*, p. 859.

18 Charles Dickens, *Bleak House* (1853) (New York, 1977), p. 130.

19 Charles Dickens, *Dombey and Son* (1848) (London, 1899), vol. ii, p. 40.

20 Émile Zola, *Thérèse Raquin* (1867), trans. George Holden (Harmondsworth, 1962), pp. 68–9, 166.

21 Judy Fireman, ed., *Cat Catalog: The Ultimate Cat Book* (New York, 1976), p. 40; Fred Gettings, *The Secret Lore of the Cat* (New York, 1989), pp. 74–6; David Greene, *Your Incredible Cat: Understanding the Secret Powers of Your Pet* (Garden City, ny, 1986), pp. 48–50.

22 Alpar-Ashton, *Histoires et Légendes*, pp. 140–42.

23 Briggs, *Nine Lives*, pp. 17–18.

24 In Alpar-Ashton, *Histoires et Légendes*.

25 Iona and Peter Opie, eds, *The Classic Fairy Tales* (London, 1974), p. 113; Jacob Grimm, *Teutonic Mythology*, trans. James Steven Stallybrass (New York, 1966), vol. ii, p. 503.

26 Alan Pate, 'Maneki Neko, Feline Fact and Fiction', *Daruma: Japanese Art and Antiques Magazine*, xi (Summer 1996), pp. 27–9.

27 Buisson, *Le Chat*, p. 11.

28 Martin R. Clutterbuck, *The Legend of Siamese Cats* (Bangkok, 1998), pp. 29, 53.

29 薄云的故事和猫助渔民的故事见：Pate, 'Maneki Neko'; 'The Boy Who Drew Cats' in Hearn, *Japanese Fairy Tales*; story of Okesa in Juliet Piggott, ed., *Japanese Mythology* (New York, 1969); Thai story told me by Ms

Sirikanya B. Schaeffer.

Cherished Inmates of Home and Salon

1 'Pangur Ban' in Felicity Bast, ed., *The Poetical Cat* (New York, 1995), pp. 28–9; epitaph on Belaud in Dorothy Foster, ed., *In Praise of Cats* (New York, 1974), pp. 115–17; Michel Eyquem de Montaigne, 'Apology of Raymond Sebond' (1580), *Essays*, trans. John Florio (London, 1946), vol. ii, p. 142.

2 Marie d'Aulnoy, *Les Contes des fées* (Paris, 1881), vol. ii, p. 101. 'The Little White Cat' is in Kathleen Alpar-Ashton, ed., *Histoires et Légendes du Chat* (1973).

3 Christabel Aberconway, *A Dictionary of Cat Lovers xv Century b.c.–xx Century a.d.* (London, 1968), pp. 124, 138–9; Leonora Rosenfield, *From Beast-Machine to Man-Machine* (New York, 1941), pp. 161–4; François-Augustin Paradis de Moncrif, *Moncrif 's Cats*, trans. Reginald Bretnor (New York, 1965), pp. 130–35; Horace Walpole, *Correspondence*, ed. W. S. Lewis (New Haven, 1937–83), vol. xii, p. 121, vol. xxxi, p. 54.

4 Richard Steele, *The Tatler*, ed. Donald F. Bond (Oxford, 1987), vol. ii, p. 177; Delille in Aberconway, *Dictionary*, p.

119; Stuart Piggott, *William Stukeley, an Eighteenth-Century Antiquarian* (London, 1985), p. 124; Christopher Smart, *Collected Poems*, ed. Norman Callan (London, 1949), vol. i, pp. 312–13.

5 James Boswell, *Life of Johnson*, ed. R. W. Chapman (London, 1953), p. 1217.

6 James Boswell, *Boswell on the Grand Tour: Germany and Switzerland,* ed. Frederick A. Pottle (New York, 1953), p. 261.

7 Georges-Louis Leclerc Buffon, *Natural History, General and Particular* (1749–67), trans. William Smellie (London, 1791), vol. iv, pp. 2–4, 49–50, 52–3.

8 'Poor Matthias', in *Poets of the English Language,* ed. W. H. Auden and Norman Holmes Pearson (London, 1952), vol. v, p. 247; Aberconway, *Dictionary*, p. 22; Charles Dudley Warner, *The Writings* (Hartford, 1904), pp. 127–8; Thomas Hardy, *Selected Poems,* ed. G. M. Young (London, 1950), p. 140.

9 Aberconway, *Dictionary*, pp. 249–50, 372; Théophile Gautier, *Complete Works,* trans. and ed. F. C. De Sumichrast (London, 1909), pp. 289–92.

10 Joyce Carol Oates and Daniel Halperin, *The Sophisticated Cat* (New York, 1992), pp. 360–61.

11 *The Gospel of the Holy Twelve,* trans. by A Disciple of the Master (Issued by the Order of At-One-Ment, n.d.), note to ch. 4, verse 4.

12 Toni Morrison, *The Bluest Eye* (New York, 1970), p. 70.

13 Brian Reade, *Louis Wain* (London, 1972), p. 5.

14 Paul Gallico, *Honorable Cat* (New York, 1972), p. 7; Winifred Carrière, *Cats Twenty-Four Hours a Day* (New York, 1967), p. 8; the Warner story is in Beth Brown, ed., *All Cats Go to Heaven: An Anthology of Stories about Cats* (New York, 1960); Susan DeVore Williams, ed., *Cats: The Love They Give Us* (Old Tappan, nj, 1988); Paul Corey, *Do Cats Think?* (Secaucus, nj, 1977), p.10.

15 Kathleen Kete, *The Beast in the Boudoir: Petkeeping in Nineteenth-Century Paris* (Berkeley, ca, 1994), pp. 127–8.

16 Official websites of the American Cat Fanciers' Association and the Governing Council of the Cat Fancy; Harrison Weir, *Our Cats and All about Them* (Boston, 1889), p. 5; Gordon Stables, *Cats: Handbook to Their Classification and Diseases* (1876) (London, 1897), pp. 8–9, 13–14, 29–30; Elizabeth Hamilton, *Cats: A Celebration* (New York, 1979), p. 117.

17 同上。

Cats and Women

1 Kathleen Kete, *The Beast in the Boudoir: Petkeeping in Nineteenth-Century Paris* (Berkeley, ca, 1994), pp. 119–21.

2 Émile Zola, *Thérèse Raquin* (1867), trans. George Holden (Harmondsworth, 1962), pp. 37–8.

3 Verlaine's poem in Felicity Bast, ed., *The Poetical Cat* (New York, 1995); Lucas in Robert Byrne and Teressa Skelton, *Cat Scan: All the Best from the Literature of Cats* (New York, 1983), p. 59.

4 Guy de Maupassant, *Complete Short Stories* (Garden City, ny, 1955), pp. 659–61.

5 Sigmund Freud, 'On Narcissism: An Introduction' (1914), in *Collected Papers* (New York, 1959).

6 Louis Allen and Jean Wilson, eds, *Lafcadio Hearn: Japan's Great Interpreter* (Sandgate, Kent, 1992), p. 69.

7 Sylvia Townsend Warner, *Lolly Willowes and Mr Fortune's Maggot* (1926) (New York, 1966), p. 136.

8 Joyce Carol Oates and Daniel Halperin, eds, *The Sophisticated*

Cat (New York, 1992), pp. 208–9, 227.

9 Maitland in Claire Necker, ed., *Cats and Dogs* (South Brunswick, nj, 1969), pp. 128–31, 139; Philip Hamerton, *Chapters on Animals* (Boston, 1882), pp. 47, 49, 51.

10 Michael and Mollie Hardwick, eds, *The Charles Dickens Encyclopedia* (New York, 1973), p. 452.

11 'mehitabel and her kittens'; both poems in Don Marquis, *The Life and Times of Archy and Mehitabel* (1927) (Garden City, ny, 1950), pp. 77–8,

12 Ambrose Bierce, *The Collected Writings* (New York, 1946), p. 388; Jung in Barbara Hannah, *The Cat, Dog, and Horse Lectures* (Wilmette, il, 1992), p. 64.

13 Jeff Reid, *Cat-Dependent No More! Learning to Live Cat-Free in a Cat-Filled World* (New York, 1991), pp. 38, 107, 126; Robert Daphne, *How to Kill Your Girlfriend's Cat* (New York, 1988) is unpaged.

14 Paul Gallico, *The Silent Miaow: A Manual for Kittens, Strays, and Homeless Cats* (New York, 1964), pp. 38–40; Kinky Friedman, *Greenwich Killing Time* (New York, 1986), p. 122; Paul Gallico, *Honorable Cat* (New York, 1972), p. 14; Konrad Lorenz, *Man Meets Dog* (Baltimore, 1967), pp.

180–81.

15 Keith Pratt and Richard Rutt, *Korea: A Historical and Cultural Dictionary* (Richmond, Surrey, 1999), p. 37.

Cats Appreciated as Individuals

1 Christabel Aberconway, *A Dictionary of Cat Lovers xv Century bc–xx Century ad* (London, 1968), p. 96; Claire Necker, ed., *Cats and Dogs* (South Brunswick, nj, 1969), pp. 146–8; Caroline Thomas Harnsberger, ed., *Everyone's Mark Twain* (South Brunswick, nj, 1972), pp. 68–9.

2 Rudyard Kipling, *Just So Stories* (1902) (New York, 1991), p. 105.

3 Seon Manley and Gogo Lewis, eds, *Cat-Encounters: A Cat Lover's Anthology* (New York, 1979), p. 70.

4 Beth Brown, ed., *All Cats Go to Heaven: An Anthology of Stories about Cats* (New York, 1960), p. 36.

5 Carter's story is in Joyce Carol Oates and Daniel Halperin, eds, *The Sophisticated Cat* (New York, 1992).

6 Natsume Soseki, *I Am a Cat: A Novel* (1905–6), trans. Katsue Shibata and Motonari Kai (New York, 1961), pp. 106, 151,

183–4, 245, 431.

7 Robertson Davies, *The Table Talk of Samuel Marchbanks* (Toronto, 1949), p. 187; 'Tobermory' in *The Short Stories of Saki* (New York, 1930).

8 'Fluffy' is in Michel Parry, ed., *Beware of the Cat: Stories of Feline Fantasy and Horror* (New York, 1973); 'Miss Paisley's Cat', in Cynthia Manson, ed., *Mystery Cats* (New York, 1991); 'Smith', in Claire Necker, ed., *Supernatural Cats* (Garden City, ny, 1972).

9 Oates and Halperin, *Sophisticated Cat*, p. xii.

10 Robert A. Heinlein, *The Door into Summer* (New York, 1957), pp. 42–3; John Dann MacDonald, *The House Guests* (Garden City, ny, 1965), pp. 178–9.

11 Dominique Buisson, *Le Chat Vu par les Peintres: Inde, Corée, Chine, Japon* (Lausanne, 1988), pp. 32–3; Daisetz T. Suzuki, *Zen and Japanese Culture* (New York, 1959), pp. 428–33.

12 Haruki Murakami, *The Wind-Up Bird Chronicle* (1994), trans. Jay Rubin (New York, 1997), 381–2, 430; Haruki Murakami, *Kafka on the Shore* (2002), trans. Philip Gabriel (New York, 2005), pp. 44, 45, 48, 71–3, 75, 88, 196–7.

13 Hall's story in Radclyffe Hall, *Miss Ogilvy Finds Herself* (New York, 1934); Lessing's in Doris Lessing, *Temptations of Jack Orkney and Other Stories* (New York, 1972).

14 May Sarton, *The Fur Person* (New York, 1957), pp. 104–5.

15 Louise Patteson, *Pussy Meow: The Autobiography of a Cat* (Philadelphia, 1901), p. 106.

16 Robert Westall, *Blitzcat* (New York, 1989), pp. 7–8.

The Fascination of Paradox

1 John Seidensticker and Susan Lumpkin, *Cats: Smithsonian Answer Book* (Washington, dc, 2004), p. 205；赞成实验或反对动物活体解剖的网站：生物医学研究基金会 (www.fbresearch.org/education)，亚利桑那州立大学关于在生物医学研究中如何利用猫狗的课程 (www.ahsc.arizona.edu/uac/notes/classes/dogsbio01)，捍卫研究学会（www.vivisectioninfo.org/cat.html, www.marchofcrimes.com/facts.html）；与密苏里州立大学的克里斯蒂娜·纳夫斯特伦博士和国家卫生研究院的拉尔夫·纳尔逊博士的私人交流。

2 Peter Singer, *Animal Liberation: A New Ethics for Our Treatment of Animals* (New York, 1975), pp. 52–3, 58–9.

3 有关英国的统计数字，见www.scotland.gov.uk/library5/environment；有关美国的统计数字，见http://www.petfoodinstitute.org/reference。

4 A. L. Rowse, *A Quartet of Cornish Cats* (London, 1986), pp. 30–32.

5 Christopher Smart, *Collected Poems,* ed., Norman Callan (London, 1949), vol. i, p. 313; Mark Twain, *Pudd'n-head Wilson* (1894) (New York, 1964), pp. 21–2; Joanna Baillie, ‘The Kitten’, in Dorothy Foster, *In Praise of Cats* (New York, 1974), pp. 54–7.

6 Colette, *Creatures Great and Small,* trans. Enid McLeod (New York, 1951), p. 242.

7 Kenneth Lillington, ed., *Nine Lives: An Anthology of Poetry and Prose Concerning Cats* (London, 1977), p.108.

参考书目

- Aberconway, Christabel, ed., *A Dictionary of Cat Lovers xv Century bc–xx Century ad* (London, 1968)
- Alpar–Ashton, Kathleen, ed., *Histoires et Légendes du Chat* (1973)
- Bast, Felicity, ed., *The Poetical Cat* (New York, 1995)
- Briggs, Katharine M., *Nine Lives: The Folklore of Cats* (New York, 1980)
- Buffon, Georges–Louis Leclerc, *Natural History, General and Particular* (1749 - 67), trans. William Smellie (London, 1791)
- Buisson, Dominique, *Le Chat Vu par les Peintres: Inde, Corée, Chine, Japon* (Lausanne, 1988)
- Byrne, Robert, and Teressa Skelton, eds, *Cat Scan: All the Best from the Literature of Cats* (New York, 1983)
- Clutterbuck, Martin R., *The Legend of Siamese Cats* (Bangkok, 1998)
- Foster, Dorothy, ed., *In Praise of Cats* (New York, 1974)

- Foucart-Walter, Elizabeth, and Pierre Rosenberg, *The Painted Cat: The Cat in Western Painting from the Fifteenth to the Twentieth Century* (New York, 1988)
- Holland, Barbara, *The Name of the Cat* (New York, 1988)
- Leyhausen, Paul, *Cat Behavior: The Predatory and Social Behavior of Domestic and Wild Cats,* trans. Barbara A. Tonkin (New York, 1979)
- Malek, Jaromir, *The Cat in Ancient Egypt* (London, 1993)
- Mivart, St George, *The Cat: An Introduction to the Study of Backboned Animals, Especially Mammals* (New York, 1881)
- Moncrif, François–Augustin Paradis de, *Moncrif 's Cats,* trans. Reginald Bretnor (New York, 1965)
- Necker, Claire, ed., *Cats and Dogs* (South Brunswick, nj, 1969)
- —, ed., *Supernatural Cats* (Garden City, ny, 1972)
- *New Yorker Book of Cat Cartoons, The* (New York, 1990)
- Oates, Joyce Carol, and Daniel Halperin, eds, *The Sophisticated Cat* (New York, 1992)
- O' Neill, John P., *Metropolitan Cats* (New York, 1981)
- Parry, Michel, ed., *Beware of the Cat: Stories of Feline Fantasy and Horror* (New York, 1973)
- Ritvo, Harriet, *The Animal Estate: The English and Other*

Creatures in the Victorian Age (Cambridge, ma, 1987)

- Rogers, Katharine M., *The Cat and the Human Imagination: Feline Images from Bast to Garfield* (Ann Arbor, 1998)
- Sarton, May, *The Fur Person* (New York, 1957)
- Seidensticker, John, and Susan Lumpkin, *Cats: Smithsonian Answer Book* (Washington, dc, 2004)
- Thomas, Keith, *Man and the Natural World: A History of the Modern Sensibility* (New York, 1983)
- Warren, Rosalind, ed., *Kitty Libber: Cat Cartoons by Women* (Freedom, ca, 1992)
- Weir, Harrison, *Our Cats and All about Them* (Boston, 1889)
- Whyte, Hamish, ed., *The Scottish Cat* (Aberdeen, 1987)

致谢

感谢美国国会图书馆主阅览室及亚洲馆的图书管理员们，感谢美国史密森学会亚瑟·M. 萨克勒美术馆的管理员们。他们都学识渊博，乐于助人，为我提供了诸多参考，耐心解答我的问题，并为我找到了珍贵的资料。在此，我要特别感谢猫科动物爱好者西里凯亚·B. 谢弗女士（Ms Sirikanya B. Schaeffer），是她让我注意到了亚洲馆中《论泰猫》的手稿。此外，在有关猫的研究上，我要感谢皮埃尔·科米佐利博士（Dr. Pierre Comizzoli）、克里斯蒂娜·纳夫斯特伦博士（Dr. Kristina Narfstrom）以及拉尔夫·纳尔逊博士（Dr. Ralph Nelson）对我的善意指点。

我的丈夫肯尼斯（Kenneth）穷尽其耐心和技巧，为本书拍摄了多张照片。如果没有他的支持和技术指导，这本书真不知何时才能问世。

凯瑟琳·M. 罗杰斯

译后记

不出意外，胡子的呼噜声又在身边响起，看来真是一只很容易满足的猫呢。这样的时光总叫人温暖：一张桌，一个人，一只猫，一杯咖啡和一屋子阳光。每每在书桌前坐下，无论是翻译、看书、写文章还是看电影，胡子五分钟之内就会凑过来，卧在身边。我就等着他幸福的呼噜声。

胡子，橘猫，9斤，今年3岁，相当于人类的21岁。他的童年比较凄惨：流浪猫出身，两三个月时被一个美丽的外国妹子抱回了家，又过了两三个月，外国妹子打算回国，机缘巧合之下把胡子托付给了我。从此，胡子才过上了安稳幸福的生活。当然，胡子之前不叫胡子，是后来我给他改的名，因为他从小胡子就很长（我最近琢磨着给他改名叫“二皮”，毕竟他是天下脸皮最厚的猫）。

养猫是我妈最钟意的事。小时候，家里有两只纯种波斯猫，两只猫通体白色长毛，一只是左眼蓝色、右眼碧色，另一只是右眼蓝色、左眼碧色，简直是我妈的心头宝。我大概就是从那时候开始想有自己的猫的吧。

还记得老舍先生《猫》开篇的第一句：“猫的性格实在有些古怪。”自己养了猫之后，才觉得此言不虚。以胡子的性格看，简直可以在猫和狗之间自由切换。

作为猫的胡子，也有自己的高傲和倔强。他可是家里的大爷，想睡的时候就睡，无牵无挂，任时光流逝，反正他“猫生”就是如此清闲自在；想折腾就折腾，无忧无虑，管他天下事如何，总之爷没心情掺和凡夫俗子的事。兴致来了的胡子会对我百般宠爱，脑袋搭在我肩上，小鸟依人的样子。或者在我努力敲字的时候，跳上桌子按一串字母，自信无论哪个语种的翻译都能看明白。若是他没心情呢，就待着一动不动，任你如何呼唤都是没有用的，除非——哈，除非你有小鱼干！

一旦胡子变身成了狗，可真是会让人受宠若惊。第一次发现胡子“屈尊降贵肯做狗”是一次加班晚归的夜里。平时晚上六点多就回家的我，那天九点多才回家。刚走到三楼，就隐约听见猫叫，还以为是楼道里有流浪猫，心想回家拿些胡子的猫粮喂一喂。等到了四楼家门口，才发现那声音的来源是胡子，顿时脑海中浮现出了“猫头狗身”的形象。此后，很多次，哪怕正常时间回家，也能听到胡子的叫声，权且当作他是在迎接我吧。

到目前为止，胡子短暂的“喵生”中最遗憾的事大概就是无法为“喵族”传宗接代了，或许就是因为这样，他才一直是个小孩子模样，永远长不大，无忧无虑。

论性格，胡子可能像猫又像狗，但论起面相，胡子是又像猫，又像狐狸。睡着的时候，他会蜷起身体，把自己团成一团，只露个侧脸（这是他除了“四脚朝天式”外最常见的睡姿）。他眼睛闭着，呈一条线，抿着嘴吗？或许是有的，像极了狐狸的样子。还有，胡子睡着之后有时也会小吐舌头，大概就是所谓的呆萌啦。

有时候，看着他的样子，我会想，是什么样的缘分让我和胡子相互陪伴。我也会想，猫的生命大概只有十几年，而正常情况下我应该还有几十年的路要走。胡子出现之前，日子是怎样的到现在已经有些模糊，那没了胡子会怎样呢？我能不能面对？还会不会有勇气继续养小动物？还养猫吗？

我总是不愿意接着想下去，因为想到最后，总觉得珍惜眼前才最要紧。要珍惜，其实很简单，和大多数需要珍惜的情感一样：有爱，有责任。记得小时候，跟妈妈说想养小动物，妈妈总会问一句：“你会照顾它吗？”小时候不太思考这些问题，现在回想起来，照顾就等于有爱、有责任，不是单纯的喜欢而已。照顾胡子可不容易，首先这就意味着每天必须回家投喂这只“猪”。此外，还要陪他玩耍，给他买玩具，带他打疫苗，等等。如果没有爱或者责任，大抵是很难坚持的。

之前看新闻讲到有些萌萌的小动物被人当作节日礼物相互赠送，可新鲜感过后就会被主人遗弃。该怎么说呢？活生生的“叶公好龙”现代版，总让我心里不是滋味。毕淑敏说过：“不论在什么情况下，毁灭和伤害生命都如同恶魔一样有罪。”那么，我们该以怎样的态度来对待小生灵呢？还是从毕淑敏处借用两个字吧：“敬畏”。敬畏生命，从好好对待生命开始。

2019 年秋于北京

图书在版编目（CIP）数据

浙江省版权局
著作权合同登记章
图字：11-2020-015号

猫咪简史 /（英）凯瑟琳·M. 罗杰斯著；韩阳译
. — 杭州：浙江人民出版社，2020.10
书名原文：Cat
ISBN 978-7-213-09759-1

Ⅰ. ①猫… Ⅱ. ①凯… ②韩… Ⅲ. ①猫—普及读物
Ⅳ. ① Q959.838-49

中国版本图书馆 CIP 数据核字（2020）第 095501 号

猫咪简史
MAOMI JIANSHI
（英）凯瑟琳·M. 罗杰斯 著 韩阳 译

出版发行 浙江人民出版社（杭州市体育场路 347 号 邮编 310006）
责任编辑 徐 婷
责任校对 朱 妍
封面设计 几何设计
电脑制版 尚春苓
印 刷 天津丰富彩艺印刷有限公司
开 本 787 毫米 ×1092 毫米 1/32
印 张 9
字 数 190 千字
版 次 2020 年 10 月第 1 版
印 次 2020 年 10 月第 1 次印刷
书 号 ISBN 978-7-213-09759-1
定 价 58.00 元